对话同里湿地
——生机湿地环境教育系列课程之同里篇

同里国家湿地公园 编

中国林业出版社
China Forestry Publishing House

图书在版编目(CIP)数据

对话同里湿地:生机湿地环境教育系列课程之同里篇/同里国家湿地公园编. -- 北京:中国林业出版社,2020.4
同里湿地环境教育课程
ISBN 978-7-5219-0511-3

Ⅰ.①对… Ⅱ.①同… Ⅲ.①沼泽化地—国家公园—环境教育—苏州—教材 Ⅳ.①P942.533.78

中国版本图书馆CIP数据核字(2020)第038859号

中国林业出版社·自然保护分社／国家公园分社

策划编辑：肖 静
责任编辑：肖 静 何游云

出版发行 中国林业出版社（100009 北京市西城区德内大街刘海胡同7号）
　　　　　http://lycb.forestry.gov.cn　　电话：(010) 83143577　83143574
印　　刷　北京雅昌艺术印刷有限公司
版　　次　2020年4月第1版
印　　次　2020年4月第1版
开　　本　889mm×1194mm　1/16
印　　张　6.25
字　　数　190千字
定　　价　50.00元

未经许可，不得以任何方式复制或抄袭本书的部分或全部内容。

版权所有　侵权必究

课程开发说明

本套课程属于"同里国家湿地公园宣教能力建设"项目成果之一。该项目基于江苏同里国家湿地公园管理处、世界自然基金会（WWF）、一个地球自然基金会与苏州市同里湿地公园有限公司、华夏新天（北京）科技有限公司签署的战略合作协议，由同里国家湿地公园宣教团队在世界自然基金会和一个地球自然基金会环境教育团队指导下设计开发，并采用WWF环境教育课程模板编写而成。[1]

课程选题以同里国家湿地公园本土资源为载体，内容设计以WWF环境教育课程设计方法为基础和工具，邀请了国内环境教育领域的专家和具有实践经验和合作基础的伙伴机构共同试课和讨论，并由同里国家湿地公园宣教团队负责课程的设计、修改、完善、图文及教具设计等标准化工作。

编辑委员会

顾 问

雍 怡

主 编

范建龙

副主编

史 纲　汪晓东

编 委

陈 园　陈 璘　邹亮亮　吴婷婷

---

[1] 资料来源：国家林业局湿地保护管理中心，世界自然基金会. 生机湿地——中国环境教育课程系列丛书[M].北京：中国环境出版社，2016.

目录

导言

一、 我们是谁 // 1
二、 宣传教育 // 1
三、 课程设计 // 2
四、 本书编写与使用说明 // 4
五、 核心理论方法 // 5
六、 与学校教育内容的结合 // 6

看见湿地

一、 探访江南的原住民 // 9
二、 奇妙四季 // 18
三、 鹭鸟家族 // 25
四、 今天也要开心"鸭" // 32
五、 七嘴八脚 // 39
六、 羽毛的秘密 // 46

重识同里

七、 湿地重生 // 53
八、 四季物候 // 59
九、 肖甸湖的渔与耕 // 65

守护自然

十、 水上旅馆 // 71
十一、 迷你宝藏：绶草 // 75
十二、 湿地之"路" // 81

主要参考文献

附录

附录一： 本课程涉及的《中小学环境教育实施指南（试行）》内容 // 87
附录二： 本课程涉及的《课标》内容 // 90
附录三： 反馈问卷样例 // 92

后记

导言

一、我们是谁

同里国家湿地公园位于苏州市吴江区同里镇东北部，面积为972.18公顷，涵盖了保育区、恢复重建区、合理利用区三大功能分区，湿地覆盖率达到了85%以上。公园范围内水网密集，包含了湖泊湿地、河流湿地、沼泽湿地和人工湿地等4种湿地类型，具有湖、泊、沼、泽、荡、塘、河流、永久性水稻田等多种湿地形态，是城市化水平高度发达的长江三角洲城市群（简称长三角）保存较为完好的为数不多的自然湿地系统，也是流域水环境生态修复的关键节点和区域生物多样性的关键热点。

自成立以来，同里国家湿地公园重点开展了水系和水质保护、水岸保护、生物多样性及动植物栖息地（生境）保护等保护工程以及水系整理和疏通、湖泊湿地生态恢复、河道生态恢复、鸟类栖息地恢复、人工湿地恢复、园地生态恢复等恢复工程，湿地生态系统逐渐完善，湿地面积有所增加。

为了全面了解湿地自然环境和动植物资源状况，提高湿地管理水平和效率，有效保护湿地资源和生态环境，同里国家湿地公园建立了较为全面的湿地科研监测体系，编制了环境监测手册，构建了生态环境监测系统，开展了湿地生物资源调查与环境监测工作。所得的数据为后续的湿地保护和恢复以及宣教活动的开展提供了理论依据。

良好的湿地生态环境促进了湿地生物多样性的恢复。根据近几年的调查记录，公园内有植物91科237属301种。丰富的植物资源为鸟类，特别是水禽提供了觅食、栖息和繁育场所。截至2019年12月底，公园记录在册的鸟类多达11目38科204种，另发现两栖爬行类动物14种、哺乳动物11种、鱼类29种，共计258种脊椎动物。

二、宣传教育

1. 同里国家湿地公园的科普宣教体系

自建立之初，同里国家湿地公园就将科普宣教作为其建设和发展的重要工作，积极进行科普宣教体系的建设，编制公园解说体系规划，深化设计科普宣教内容，成立宣教团队，完善宣教场馆建设。公园采用丰富多样的宣教形式，通过室内和室外相结合的科普宣教活动，有效地宣传和展示湿地的生态服务功能，普及生态科学知识，提高公众的湿地保护意识。

2015年，公园委托台湾永续游憩研究室和上海栖星生态环境咨询有限公司开展湿地公园解说系统规划工作。解说系统以宣传、启发和保育为规划宗旨，结合"解说+"湿地保护、监测、宣教、旅游融合创新的需求，对同里国家湿地公园宣教资源进行了梳理。

公园也积极开展宣教基础设施建设，目前已经建成或正在建设的宣教基础设施有：展示同里特色湿地文化的湿地科普馆；为中小学生提供湿地认知教育场所的自然课堂；方便游客和湿地工作人员进行鸟类观测活动的观鸟屋；介绍湿地重要动植物资源情况的宣教长廊；为游客提供身临其境的湿地体验的水生植物园等。一系列宣教基础设施的建设成为了湿地科普宣教工作的重要载体，也为科普宣教活动提供了场所和设施。

此外，公园还通过试听多媒体、科普标识牌、解说出版物与纪念品、人员解说、活动体系以及基于"互联网+"的智慧解说移动端与平台等媒介，并结合系统的解说体系，让公众全方位认识同里国家湿地公园的独有价值，深入理解湿地保护的重要性。

2. 同里国家湿地公园的科普宣教团队

公园在创建初期便成立了宣教团队，培养了一批生态讲解员。和传统的景区导游不同，宣教团队的生态讲解员主要负责面向游客开展生态解说和环境教育活动，期望通过这些生动有趣的解说与活动，激发游客对湿地公园内各类生物和生命现象的好奇心，增加游客对人类与湿地间密切关系的了解，进而提升支持和参与湿地保护工作的意愿。

宣教团队的成员既是生态讲解员，同时也承担着环境教育导师的工作，本书的课程就是由宣教团队的伙伴们共同开发并且开展实践的。宣教团队成员的专业背景十分多样化，有旅游学、风景园林学、微生物学等，为同里湿地的宣教工作提供了更多可能性。

平时，团队的伙伴们需要花大量的精力投入大自然，感知湿地的物候变迁，绘制自然笔记；收集自然遗落物，制作自然手工；根据课程需求，制作特色教具。此外，公园也会为讲解员安排相关的在职培训，提升专业技能。就这样，公园宣教团队的成员从2015年的1名发展到2019年的9名。这样的团队规模在国内自然公园中非常少见，为公园的科普宣教工作提供了稳定的人员保障。

三、课程设计

自2013年起，同里国家湿地公园先后与英国野禽与湿地基金会（WWT）、南京大学、台湾永续游憩研究室、上海栖星生态环境咨询有限公司、苏州绿羽工作室等机构在生态修复、环境解说和鸟类监测方面开展了深度合作，并成为国内较早全面引入环境解说的理论方法来指导湿地科普宣教工作的国家湿地公园之一。

2018年，公园与世界自然基金会（WWF）中国签署合作备忘录，引入WWF的专家资源和国际经验，对同里国家湿地公园的宣教工作进行全面梳理和提升，将其打造为国家湿地公园开展湿地宣教的典范。WWF为公园的宣教团队提供了环境教育课程开发的系统培训，并以课程设计工作坊的形式，辅导宣教团队开发同里湿地公园环境教育课程，也就是本书的内容。

本套课程的开发采用课程设计工作坊的形式来实现。由WWF环境教育团队、公园宣教团队、环境教育领域的专家共同组成工作坊，梳理公园的资源，选定课程主题，形成课程框架。而课程的主体内容则由公园宣教团队自主设计，专家们进行指导，提出修改建议。这个模式既充分调动了同里国家湿地公园的本土资源，保证了课程的在地性，也为公园宣教团队提供了锻炼机会，使团队成员在课程设计和实践方面的能力有了显著提升。

图0-1 课程设计工作坊头脑风暴

2018年5月，公园宣教团队的7名全职工作人员参加了WWF的环境教育实务培训，系统学习了课程设计的"七步走"方法。8月，第一次课程设计工作坊在公园自然课堂拉开帷幕（图0-1）。通过共创的方式，工作坊完成了课程框架的搭建和课程模块的初步设计。

图0-2 课程设计工作坊户外试课

10月，第二次课程设计工作坊在公园如期举办，公园的宣教团队选择了较为成熟的课程进行试课工作，并且邀请了一批在环境教育、户外教育领域具有丰富课程设计与教学经验的专家和同仁共同参与，讨论课程中存在的不足及团队遇到的瓶颈，并寻找解决的方法（图0-2）。

2019年，课程设计基本完成，进入了面向公众试课的阶段。公园招募当地的中小学生与亲子家庭参与试课活动，为课程的进一步改进提供思路（图0-3）。经过反复的试课和修改，《四季物候》系列课程、《鹭鸟家族》《探访江南的原住民》《奇妙四季》等课程获得了广大游客以及周边中小学和社区的欢迎。

经过一年多的实践，由同里国家湿地公园原创的环境教育课程终于问世。同时，宣教团队有3位成员获得了WWF2019年度环境教育注册讲师的称号，这表明公园的人才培养和团队建设也登上了一个新的台阶。

图0-3 招募公众参与试课

四、本书编写与使用说明[①]

1. 环境教育目标

本书是同里国家湿地公园宣教团队在WWF的指导下，根据WWF环境教育课程理论方法编写而成。本书的理论方法引自《生机湿地——中国环境教育课程系列丛书》。本书的课程选题立足于同里湿地的本土资源，主要的目标是引导公众走进同里湿地，了解同里湿地生态系统在区域内的重要意义和价值，展现同里湿地与当地人们生活之间息息相关的联系，激发公众守护人类共同的湿地家园，尤其是守护身边的湿地。希望本课程的开发，能够为其他湿地公园提供参考，也为推动国内的湿地宣教工作贡献一份力量。

2. 本书服务对象

这是一本同里国家湿地公园的宣教人员自主设计的主题化课程方案，兼顾了在当地中小学开展的课堂教育，以及在同里湿地中开展保护宣教活动的需求，甚至服务于关注孩子环境素养培养的普通家长。公园宣教团队将遵循本书的方案开展全套系统的教育活动，并且会根据具体的教育目标和目标受众的特点等因素，有选择性地挑选相关的内容组合定制成灵活的教育方案。

3. 教育目标群体

环境教育是一种终身教育，并且需要长时间的渗透和影响，所以在课程设计的目标人群选择中，我们涵盖了从小学到高中年龄段的孩子，同时兼顾亲子家庭和成人群体，但在每一个独立的课程模块都界定了具体的目标人群。

当然我们并不希望这种针对性会约束本套课程方案在使用中的灵活性和普适性，因此，在课程模块的拓展部分，也会提供拓展目标人群的教学内容调整建议和方法。

4. 课程实践设计

根据教育心理学中对不同年龄人群集中注意力的时间、关注领域、教育技巧和一般教学实践模式的分析，我们在不同课程方案的教学方法、教学时间等课程实践设计上也提供了有针对性和灵活性的设计。

在教学方法上，我们强调因人而异，针对每个年龄段的学习特点开发课程。比如，在小学阶段，应更注重对学生的环境意识、态度、价值观的塑造；进入中学阶段，学生开始构建自己对世界的理解，对知识有了更多的渴求，此时则需加强对环境知识和技能方法的教育；到了高中阶段，学生已经具备独立思考和自我管理的能力，同时在这个年龄段也在进行未来人生的发展规划，于是就着重向学生呈现真实的环境现实，增强学生解决环境问题的使命感、能力和执行力。

本套课程设计里的课程完全基于同里国家湿地公园的实际情况，展示了同

[①] 资料来源：国家林业局湿地保护管理中心，世界自然基金会. 生机湿地——中国环境教育课程系列丛书[M]. 北京：中国环境出版社, 2016.

里湿地的生态系统和生物多样性的特征，以及同里湿地周边的传统水乡生活，具有较强的地域性。如果有其他地区和单位的教师参考本书，需注意课程知识背景和教育方案的地方性元素，并根据自己所在地区的特点进行修改或调整。

五、核心理论方法[①]

1. 课程方案编写的十项原则

对于一整套主题化的环境教育课程来说，单一的课程教学模块可以有不同的侧重点、教学方法和形式内容，但在完成总体方案时，设计者应针对以下十条原则进行校验，以确认此套课程是否能基本满足。

（1）清晰、准确且贯穿始终的环境教育目标。
（2）基于科学、专业、严谨的背景知识体系。
（3）能激发兴趣、促进有效学习的教育方法。
（4）兼顾结构逻辑和内容丰富度的系统框架。
（5）针对受众多样性，可供选择定制的内容。
（6）能适用不同时间和教学场所的灵活方案。
（7）提供配合开展教学活动所需的课件及工具。
（8）立足本土，着眼于当地问题的认知和解决。
（9）放眼全球，致力培育社会共识和行动力量。
（10）支持和服务课程应用推广的行政协调系统。

2. 模块化设计方法

本套课程采用了WWF环境教育课程的模块化的设计方法，通过对模块使用情景的分析和界定，为教育者灵活定制有针对性的课程方案提供可能。

具体而言，课程方案采用"主题→次主题→课程模块"的三级结构。模块设计中除了包括教学目标、知识点、分步骤的授课过程等内容，还特别明确了每个模块适宜的授课对象、适宜季节、授课地点、活动时长等操作性要素（表0-1）。教育者可以根据具体的学习者类型和需求，选择合适的模块自由组合成灵活的定制化教学方案，以满足不同授课对象在不同时空环境下开展教学活动的需求。

关于课程的模块设计，采用了WWF环境教育课程模块的"七步走"方法，包括"引入—构建—实践—分享—总结—评估—拓展"七个步骤，旨在提供循序渐进、兼顾互动参与和自主思考的教学方法，确保教育目标的贯彻和实现。其中前五步是针对学习者的教学流程，后两步是建议教育者在课程中或课程后自主实践的内容。因此，在本书后续章节计算活动时长时，仅计算前五步的时长，后两步由教育者灵活安排，不计入活动时长。

---

① 资料来源：国家林业局湿地保护管理中心，世界自然基金会. 生机湿地——中国环境教育课程系列丛书[M]. 北京：中国环境出版社，2016.

表 0-1 课程模块表

次主题	模块名称	适宜季节	活动时长（分钟）	主要目标人群	拓展目标人群* 1	2	3	4	5	6
看见湿地	探访江南的原住民	春、秋	60~75	初中生			●	●	●	
	奇妙四季	春、夏、秋、冬	60~90	小学生						●
	鹭鸟家族	春、夏	90~120	小学生		●				●
	今天也要开心"鸭"	秋、冬	90~120	小学生		●				●
	七嘴八脚	春、夏、秋、冬	120~150	初中生	●					
	羽毛的秘密	春、夏、秋	60~90	小学生		●				●
重识同里	湿地重生	春、夏、秋、冬	90~120	高中生				●	●	
	四季物候	春、夏、秋、冬	90~120	亲子家庭	●	●				
	肖甸湖的渔与耕	春、夏、秋、冬	90~120	初中生	●		●			
守护自然	水上旅馆	秋、冬	60~90	高中生				●	●	
	迷你宝藏：绶草	春夏之交（5~6月）	60~90	初中生	●					●
	湿地之"路"	春、夏、秋、冬	60~90	高中生			●			

*人群划分：1.小学生；2.初中生；3.高中生；4.大学生；5.成年人；6.亲子家庭。

六、与学校教育内容的结合[①]

为了方便一线教师参考此套课程，我们在课程的教学目标设计中特别关注了正规教育标准之间的相关梳理，具体包括以下几方面。

1.与课程标准（科学、生物、地理）的相关性梳理

本课程在设计的过程中特别对《义务教育小学科学课程标准》（2017年版）、《义务教育生物学课程标准》（2011年版）、《义务教育地理课程标准》（2011年版）《普通高中生物课程标准》（2017年版）《普通高中地理课程标准》（2017年版）（简称为《课标》）进行了梳理，筛选出与物种、生物多样性、人文地理等与环境教育相关的内容，作为本书的设计依据。本书中的12个课程模块，都与在校内容作了结合，方便教师们在备课时参考和选用。

2.与"核心素养"的相关性梳理

在这个被互联网科技迅速改变的时代，全球教育者都在协力反思和调整新时代下的人才培养目标。时代需要怎样的人才？个人需要具备哪些能力才能在这样的时代下获得发展和幸福？面对这样的挑战，许多国家、地区和国际组织都开始接受"以学习者为中心"的培养理念，着重将教学重点放在学生及其成长上，并进一步提出了"核心素养"的培养指标。"核心素养"通常指学习者应具备的适应个人终身发展和社会发展需要的必备品格和关键能力。目前，以"核心素养"为课程设计的主轴已成为国际教育界的共识。

[①] 资料来源：国家林业局湿地保护管理中心，世界自然基金会.生机湿地——中国环境教育课程系列丛书[M].北京：中国环境出版社，2016.

2013年5月，我国教育部基础教育二司委托北京师范大学等5所师范类高校对核心素养的总体框架进行了研究。2014年3月，教育部在《关于全面深化课程改革落实立德树人根本任务的意见》文件中，首次谈及"核心素养"，意味着"核心素养"在深化课程改革、落实立德树人目标过程中基础地位的确立。2016年9月13日，为期3年的"中国学生发展核心素养"研究成果在北京师范大学发布。该成果明确了中国学生发展"核心素养"的制定原则，以培养"全面发展的人"为核心，共分为文化基础、自主发展、社会参与三个方面，综合表现为人文底蕴、科学精神、学会学习、健康生活、责任担当、实践创新六大素养（图0-4），具体细化为国家认同等18个基本要点。2018年1月17日，教育部印发了普通高中课程方案和14门课程标准（2017年版），新修订的标准强调对学生的学科核心素养的培养。

从上述这些进展中不难发现，对学生的"核心素养"培育正成为我国教育改革的重要方向。因此，本课程在开发中也参考了上述研究成果和相关标准文件，对各课程模块的教学目标和"核心素养"的相关性进行了探索性的梳理，并给出了引导性建议（表0-2）。

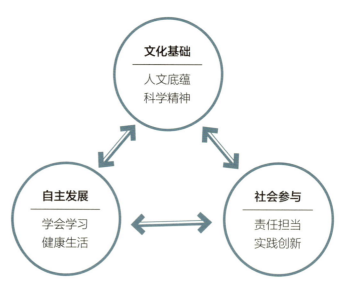

图0-4 中国学生发展核心素养

表0-2 本课程涉及的中国学生发展"核心素养"

模块名称	人文底蕴			科学精神			学会学习		
	人文积淀	人文情怀	审美情趣	理性思维	批判质疑	勇于探究	乐学善学	勤于反思	信息意识
探访江南的原住民				●	●	●			
奇妙四季			●	●				●	
鹭鸟家族						●		●	
今天也要开心"鸭"				●		●	●		
七嘴八脚				●		●			
羽毛的秘密			●	●			●		
湿地重生	●	●		●		●	●		
四季物候	●	●		●		●	●		
肖甸湖的渔与耕	●	●		●		●	●		
水上旅馆						●	●		
迷你宝藏:绶草				●	●	●			●
湿地之"路"				●	●	●			

模块名称	健康生活			责任担当			实践创新		
	珍爱生命	健全人格	自我管理	社会责任	国家认同	国际理解	劳动意识	问题解决	技术运用
探访江南的原住民	●			●				●	
奇妙四季								●	
鹭鸟家族				●					
今天也要开心"鸭"	●			●				●	
七嘴八脚	●			●					
羽毛的秘密				●					
湿地重生				●				●	
四季物候				●				●	
肖甸湖的渔与耕		●		●			●		
水上旅馆				●				●	●
迷你宝藏:绶草	●			●				●	
湿地之"路"				●				●	●

看见湿地

一 探访江南的原住民

授课对象
初中生

活动时长
60~90 分钟

授课地点
室内外结合，实践活动需在室外自然环境中开展

扩展人群
高中及以上

适宜季节
春、秋

授课师生比 ④
1:1:20（~30）

辅助教具
《同里国家湿地公园常见野草图鉴》、野草实物或标本、绳子、放大镜、观察记录表

知识点
• 乡土植物和外来植物的概念 • 江南地区常见的野草 • 野草的多样性 • 野草的作用和意义

教学目标

1　了解乡土植物、外来植物的概念。
2　能依据植物的叶片、花型等形态特征，使用植物卡片进行植物鉴定。
3　能认识 10 种江南地区常见的乡土草本植物。
4　了解野草在生态系统中的作用以及对人类的作用，理解野草是生态系统重要的一部分，认同保护乡土野草的理念。

涉及《指南》① 中的环境教育目标 ②

环境知识

2.2.3　解释生物的遗传和进化特征，知道不同物种对生境有不同要求，理解各种生物通过食物网互相联系构成生态系统。

环境态度

3.2.1　珍视生物多样性，尊重一切生命及其生存环境。
3.2.6　树立可持续发展观念，愿意承担保护环境的责任。

与《课标》的联系 ③

初中生物

3.2.1　概述生态系统的组成。
4.4.1　概述绿色植物为许多生物提供食物和能量。
8.1.1　尝试根据一定的特征对生物进行分类。
8.1.7　说明保护生物多样性的重要意义

核心素养

理性思维、批判质疑、勇于探究、珍爱生命、社会责任、问题解决

---

* 本课程由同里国家湿地公园沈妍慧设计。
① 全书的《指南》是《中小学环境教育实施指南（试行）》的简称。
② 涉及《指南》中的环境教育目标对应编号及其内容参见附录一。
③ 与《课标》的联系中对应编号及其内容参见附录二。
④ 授课师生比指主讲人数：助教人数：学生人数。

知识准备

乡土植物与外来植物[①]

乡土植物，也可以称之为原生植物，是指在没有人为影响下，自然发生、自然生长在特定区域或者特定生态系统内的植物。外来植物相对于乡土植物而言，是指在一定区域内历史上没有自然分布而被人类活动直接或间接引入的物种或亚种等，包括这些物种能生存和繁殖的任何部分、配子或者繁殖体。外来植物如果能在本地区大量繁殖成野生状态，并且与本地区的其他植物形成稳定的群落，那便可以称之为归化植物。随着时间推移，长期在本地生活的归化植物也可以归为乡土植物的范畴。而当外来植物在本地种群发展到一定规模，并且威胁当地的生物多样性时，被称为外来入侵植物。

野草与生物多样性[②]

野草是相对于栽培植物而言的草本植物。长期以来，人们都将野草称为"杂草"，从农村到城市，人们都在试图消灭它们。甚至在城市里，卫生、绿化部门在检查工作时把有无野草作为一个重要的评分标准，有野草就要扣分或罚款。在这样的背景下，野草的生存空间不断被压缩，由野草组成的最适合本地生态系统的原生群落处境岌岌可危。生物多样性在保持自然生态的稳定、维护生态平衡中起着重要的作用。野草对于生物多样性的影响主要体现在以下几个方面。

（1）野草本身的生物多样性。自然生态环境中，野草种类繁多，不同的野草含有不同的遗传基因，是天然的生物基因库。

（2）依存于野草的生物多样性。野草为其他生物提供了栖息地，创造了生存条件，尤其是昆虫、节肢动物、软体动物、菌类等生物。而这些生物的生存又与鸟类、爬行类动物和哺乳类动物等生物的生存息息相关。

（3）野草形成了多样的草地生态系统。不同的地域、土壤和气候条件可以形成不同的野草群，其中生存着各种生物，从而形成了不同的草地生态系统。

野草的作用

（1）野草能转化营养，培养土地肥力。草本植物多数为浅根的喜氮植物，可以吸收土壤中的氮，几乎每年植株体都会进行自然演替，枯萎的植株能转化为有机质。

（2）野草能增加土壤的通透性。野草根系在生长时从土壤中取得各自的空间，等到野草死亡后，这些根系的位置会变成上下通透的管道，无意中改变了土壤的透气性。

（3）野草能起到保持水土的作用。江南地区河网密布，雨量丰沛，在雨季裸露的土壤容易发生水土流失，有野草覆盖的驳岸和沟渠能有效避免被猛烈冲刷。

[①] 资料来源：陆庆轩. 关于乡土植物定义的辨析[J]. 中国城市林业, 2016, 14(4):12-14.
[②] 资料来源：吕飞. 野草在园林绿化中的应用[J]. 河南农业, 2012(20):56-57.

在旱季，有野草覆盖的土壤往往能够保持湿润，而无草的土地往往干燥龟裂。

（4）野草能为小动物提供食物和栖息场所，吸引它们繁衍生息，如软体动物、昆虫、小型哺乳动物等。而这些小动物的栖息又会引来更多其他动物，提高生物多样性，形成可持续发展的生态链。

（5）许多野草对人类也具有重要的意义，可以为人类提供食物、药物、工业原材料等，也可以作为人类居住景观的一部分，装点人类的生活环境。

绿化除杂的危害[①]

在城市绿化中，清除杂草不仅需要投入大量的人力物力，更会严重破坏本地的生物多样性。野生植物的空间被挤占，生态平衡失调，会导致病虫害频发，而病虫害频发又会造成防治力度的增加。目前，防治病虫害依然以用药为主，这样不仅会加重城市生态环境中的污染，也会伤及其他无辜的生物。此外，人工栽培的园林植物往往需要进行精细化管理，消耗大量的水肥，而过度施肥又会造成城市土壤和水体的污染。

同里国家湿地公园的野草

通过资源本底调查，同里国家湿地公园内共有维管束植物301种，隶属于89科233属。其中，草本植物共有229种，包括江南地区的乡土草本植物，如鼠麴草（图1-1）、薤白、早熟禾、大巢菜（图1-2）等，也有阿拉伯婆婆纳（图1-3）、小蓬草、垂序商陆等外来草本植物。湿地公园的野草是重要的生物资源，野草的多样性为研究和保护江南乡野杂草提供了优良的条件。

野草鉴别的基本方法

植物的分类和鉴别是一项有一定专业性的工作，而野草种类繁多，其中又不乏相似物种，容易混淆，对于零基础的学生甚至教师来说，都有一定的难度。在开课之前，教师需要对开课地点的常见野草种类进行调查和鉴别，并且制作图文并茂且信息简单明确的物种卡片，方便学生进行查阅。

物种卡片上的内容包括：①特征清晰的植株照片，展现植物的叶、花、果实等器官；②简洁明了且准确的特征描述，包括植株大小、颜色、叶形、叶序、花和果实的形态、有无绒毛、有无特殊气味、有无特殊的生理现象等；③其他信息，如趣味知识、文化典故、对人类的作用等；④标注该物种为乡土植物、外来植物还是外来入侵植物。

湿地中的野草种类非常丰富，不同的地理位置，野草种类也不同，因此物种卡片需要不断完善和更新。例如本课程中，我们目前只筛选了同里国家湿地公园自然课堂周边的20种不同野草制作物种卡片，后续将会根据授课的地点和季节的变化，不断更新和丰富卡片的内容。

图1-1 鼠麴草

图1-2 大巢菜

图1-3 阿拉伯婆婆纳

[①] 资料来源：刘桂清.让野草在城市中生存[J].太原科技,2004(01):62-63, 66.

教学内容

1 引入
10~15 分钟

1.1 开场介绍。教师可以提问大家是哪里人，以此切入，提出在江南有很多真正的原住民，它们来到这片土地的时间比人类要早得多，那就是江南本土的动物和植物。

1.2 热身游戏：猜猜我是谁。

游戏规则

教师准备几张生活中常见的野草图片，需要选择耳熟能详的物种，如蒲公英、狗尾巴草、荠菜等，将图片背对着同学们，请同学们轮流提问并猜想图片上是哪一种野草。所提的问题需要是描述性的，例如：它的花是红色的吗？它是一种野菜吗？教师只能回答"是""不是"或"也许吧"（表示教师也不太清楚）。同学们猜到答案后，教师公布图片。

时长缩短建议

教师可不进行游戏环节，直接展示野草的图片，请同学们进行辨认。

---

2 构建
20~30 分钟

2.1 教师结合开场游戏，阐述在我们的生活中离不开各种植物，尤其是很多不起眼的野草，它们也是江南地区原生生态系统中非常重要的居民。

2.2 教师将同学们分成若干小组，每组4~6人，为每组同学提供一套教学区域内常见乡土野草的物种图卡，图卡上包括了物种图片、物种名称、基本特征等信息。教师介绍图卡的使用方法，可以以"引入"中出现的蒲公英或者荠菜为例，介绍其花、果、叶等的基本特征，从而帮助同学们理解基本的植物鉴定技巧。

2.3 随后教师为每组同学出示几种教学区域内常见的野草标本，也可以直接在户外找到相应的植株进行标记，请同学们进行观察，并参考图卡鉴定其名称。植物种类尽量选择日常生活中比较常见的野草，如龙葵、车前草、酢浆草、乌蔹莓、通泉草等。

2.4 鉴定完毕后，可以请每组同学介绍1~2种野草的鉴定结果，并且说出鉴定依据。教师验证同学们的鉴定是否正确，如有错误，需要指出并解释。教师可以融入一些趣味的讲解，比如，这些野草有趣的特征或者文化典故等，激发起同学们的兴趣。

2.5 教师可补充解释这些植物都是常见的野草，往往生活在不起眼的环境中，容易被人类忽视，目前这些野草的生存空间越来越少，湿地是它们难得的家园，它们是湿地里真正的原住民。教师发出邀请，请同学们到大自然中去发现更多原住民的身影。

2.6 教师介绍实践活动，即自然探索——1平方米的绿色家园。这个活动需要同学们到户外去开展自然观察。教师可以请学生预测：你认为在1平方米的范围内，会有多少种不同的野草？将每组的预测数据记录下来，后续可以进行比较。

2.7 教师介绍活动的流程和规则：每组同学需利用绳子圈出1平方米左右的样地，并且记录样地中的野草种类及特点。观察的过程必须以不干扰、不破坏环境为前提。同时，教师需要介绍观察记录单的内容和记录方法，确保学生能够了解如何记录。教师可以事先提出一些问题，帮助同学们记录特征，如：

- 它的叶子是什么形状的？上面有没有锯齿或者毛？
- 它的高度有多少？
- 它是独立的一株还是散生的一片？
- 它正在开花或结果吗？花或果是什么颜色的？有多大？
- 它是本土植物还是外来植物？
- 它是不是外来入侵植物？
- 它是一种野菜吗？
- ……

2.8 教师可提前向学生说明，这种调查方法其实就是在科学研究中常用的"样方法"，一般调查野草的取样面积在1~4平方米。同学们需要按照规则进行操作和记录，尽量符合科学研究的严谨性和科学性。在此处，教师可以简单介绍生物多样性的概念，并且解释这个活动的目标是探究野草的多样性。

3 实践 15~20 分钟

自然探索——1平方米的绿色家园

3.1 教师为每组学生提供一根绳子，一份观察记录单，一个放大镜。

3.2 学生按小组进入指定区域，用绳子圈出1平方米左右的样地进行观察，记录样地内的野草种类以及特征。如果教师需要学生探究特定的点位，也可以由助教提前圈出样地，由学生进行调查。

3.3 学生需要通过对比物种图卡，鉴定样地内野草的种类，如遇难以鉴定的种类，可向教师求助。这一环节的目标是培养学生的观察力，并且帮助他们认知野草的多样性。因此，面对某些难以辨认的野草或者幼苗，可以不作鉴定要求，仅需记录编号和观察到的特点及特征即可。

3.4 除了野草以外，鼓励学生观察样地中是否有其他生物活动的痕迹，比如，昆虫、软体动物、鸟类等，请学生猜想野草和其他生物共同组成怎样的食物链。

时长缩短建议

如果课程时间有限或者学生年纪较小，可以请学生直接计算1平方米的样地中有多少种不同种类的野草，对鉴定及记录特征不作要求。

4 分享
10~15 分钟

4.1 各小组轮流分享自己的观察成果，比如，观察到的野草种类，有特殊形态的野草，其他生物的痕迹，遇到的问题等，可以鼓励同学们分享鉴定某种野草的过程。分享的场地可以是室内或户外，也可以在样地旁边，其他小组的同学可以根据样地提出疑问。

4.2 教师对分享的结果进行补充，解答同学们的疑问，将实际发现的野草种类和预测的进行对比，引发大家思考物种数量差异的原因。也可以将不同组的数据进行横向比较，比如，草坪上和树荫下的野草种类和数量的差异。

4.3 请学生注意物种图卡上的物种信息中有一项是"乡土植物"和"外来植物"，引出外来植物的概念，可以以生活中常见的植物为例帮助同学们理解相关概念，如茭白、荸荠、菱角等都是江南地区本土的蔬菜，而辣椒、玉米、西红柿都属于外来植物。

4.4 教师可以从生物多样性的角度介绍野草的生态价值。

4.5 请学生思考自己生活的区域是否可以看到这些野草，从而引出城市野草的管理问题。教师提出目前在城市中，野草的身影越来越少了，它们的家园被草坪取代，它们的邻居变成更加具有观赏性的园林植物，而它们也获得了另一个称呼——"杂草"，面临着被清除的命运。

4.6 教师提出讨论议题："杂草"到底应不应该清除？请同学们开展5分钟头脑风暴，分别列举清除杂草的利和弊，由教师对讨论的结果进行总结。

4.7 教师对讨论的结果加以补充，应该强调"杂草"虽然可以修剪，但是一定要以其侵略性过强，严重影响其他植物的生存空间甚至危害生态平衡为前提。比如，农业生产中对影响农作物生长的杂草进行清理，或者清理外来入侵植物等。而正常情况下，应该保护野草的原生环境，促进其自然生长和演替。

4.8 教师分享同里国家湿地公园在公园管理过程中所采取的保护野草的措施。

> **时长缩短建议**
>
> 教师可直接引导学生讨论"杂草"的议题，不开展头脑风暴的环节。

5 总结
5~10 分钟

5.1 通过提问的方式请学生总结本次课程一共发现了多少种不同的野草，各有什么特点，总结植物观察记录的一般方法。

5.2 总结野草的多样性和野草在生态系统中的重要作用。阐述随着城市化的进程，野草的生存空间依然在被挤压，湿地成了野草们为数不多的安全家园。它们是湿地里真正的原住民，湿地也成为了乡土植物的基因库。

5.3 回顾清除杂草的利弊，引导学生思考"杂草"一词是褒义还是贬义，传递野草也是值得被尊重的生命的观点，帮助同学们树立敬畏自然的价值观。

6 评估

6.1 能辨识出10种江南地区常见的乡土野草的名称、形态特征。

6.2 能理解野草具有丰富的多样性，是生物多样性中重要的组成部分。

6.3 能够利用植物鉴定的图卡来辨识植物，学会采用"样地法"对局部地区的植物多样性进行统计和记录。

6.4 认识野草对生态系统和人类都有重要的意义，学会尊重生命，敬畏自然。

7 拓展

深度拓展

请学生在居住区或者校园里调研野草的多样性。调查方法可以使用样方法，在固定区域随机取若干样方，调查野草的种类、数量（或面积），从而分析该区域野草的分布情况；也可以去绿化部门或者环卫部门走访调查，了解本地在城市绿化管理方面采取的是何种政策，是否为野草留有生存的空间。如果有，则了解相关政策取得的效果；如果没有，可以开展宣传活动向广大市民宣传保护野草的意义，向有关部门呼吁为野草留下生存的空间。

广度拓展

除了乡土植物以外，在生活环境周边还有很多外来植物（图1-4）。当外来植物可以适应当地环境，融入当地生态系统，成为生态系统的一部分时，它们也将逐渐转变为乡土植物。但当外来植物发展到一定的规模，威胁到当地的生物多样性时，就被称为外来入侵植物。可以推荐同学们后续参加以外来入侵植物为主题的其他课程，并且组织同学们对所在区域进行外来入侵植物的调查，了解其在周边的分布情况，并且开展外来入侵植物的清除和生境修复。

图1-4 认识身边常见的野草

探访江南的原住民　　　　　　　　　　【学生任务单】

自然探索——1 平方米的绿色家园

小组成员			
调查日期		调查时间	
天气情况		样地位置	
预测野草种数		实际野草种数	

填写说明：

1. 数量评级分为优势（+++）、中等（++）、稀少（+）三个级别。
2. 如果遇到难以鉴定的物种，不必写出其中文名，将其进行编号并记录形态特征即可。

野草记录

	中文名	数量评级	形态特征
1			
2			
3			
4			
5			
6			
7			
8			
9			
10			
11			
12			
13			
14			

探访江南的原住民　　　　　【学生任务单】

	野草记录		
	中文名	数量评级	形态特征
15			
16			
17			
18			
19			
20			
21			
22			
23			
24			

其他发现
（请记录或者绘制出其他生命的迹象，例如，动物或者动物生活的痕迹）

看见湿地
二 奇妙四季

授课对象
小学生

活动时长
60~90 分钟

授课地点
室外自然环境

扩展人群
亲子家庭

适宜季节
春、夏、秋、冬

授课师生比
1:1:20（~30）

辅助教具
植物叶片、植物图片或模型、白色海报纸、讲解图片、小竹篮、彩虹色卡、任务单

知识点
• 植物的生命周期
• 种子植物的器官
• 植物对环境的适应
• 植物和其他生物的协同进化

教学目标

1 了解植物一年四季的变化，能简单描述植物的生命周期。
2 认识身边常见植物各个器官的形态特征，如花、果、叶、种子等。
3 能认识生活中常见的 6~8 种植物，并能描述其特点。
4 了解植物形态出现差异的原因，初步理解环境对植物形态产生的影响。

涉及《指南》中的环境教育目标

环境意识
1.1.1 欣赏自然的美。
1.1.2 运用各种感官感知环境和身边的动植物。

环境知识
2.1.1 列举各种生命形态的物质和能量需求及其对生存环境的适应方式。

与《课标》的联系

小学科学
1.7.3 地球上存在不同的植物，不同的植物具有许多不同的特征，同一种植物也存在个体差异。
1.7.3.1 说出周围常见植物的名称及其特征。
1.8.1 植物具有获取和制造养分的结构。
1.8.1.2 描述植物一般由根、茎、叶、花、果实和种子组成，这些部分具有帮助植物维持自身生存的相应功能。
1.8.3 植物能够适应其所在的环境。
1.8.3.1 举例说出生活在不同环境中的植物其外部形态具有不同的特点，以及这些特点对维持植物生存的作用。

核心素养

审美情趣、理性思维、乐学善学、问题解决

---

*本课程由同里国家湿地公园沈妍慧设计。

知识准备（以《奇妙四季·小叶子大学问》为例）[1]

植物的作用

植物是生态系统中的生产者，通过光合作用将无机物合成有机物，也就是将太阳能储藏在有机物当中。植物也具有调节气候、保持水土、缓解旱涝灾害、吸收和分解环境中的有机废物等作用。对于人类而言，植物还是食物、药物、能源、工业原料的重要来源。此外，植物也是人居环境不可或缺的元素，为人类提供良好的生活和娱乐环境，有助于身心健康。植物的不同器官具有不同的功能（表1-1）。

表1-1 种子植物的器官[2]

种 类	名 称	功 能
营养器官	根	除了苔藓植物以外，所有的高等植物都具有根。根是植物地下部分的营养器官（除少数气生根外），具有吸收、固着、输导、合成、储藏、繁殖和分泌等功能
营养器官	茎	茎是联系根和叶，输送水、无机盐和有机养料的轴状体。茎的生理功能主要是疏导和支持，除此之外，还具有贮藏、繁殖和光合作用等功能
营养器官	叶	叶是光合作用和蒸腾作用的主要场所，是种子植物制造有机养料的主要营养器官。叶的主要生理功能是光合作用和蒸腾作用
生殖器官	花	花是适合于繁殖作用的、不分枝的变态短枝，是形成有性生殖过程中的大、小孢子和雌、雄配子，并进一步发育为种子和果实的器官
生殖器官	果实和种子	受精作用完成后，胚珠便发育为种子，子房（有时还包括其他结构）发育为果实。种子植物除利用种子增殖本物种的个体数量外，还可以借以度过干、冷等不良环境。而果实部分除保护种子外，往往兼有贮藏营养和辅助种子散布的作用

叶的形状

植物叶片的形状是植物对于自身长期生活的环境和进化历程的反应，每一种植物都会进化出自己独特的叶片形状。叶片的形状和尺寸会影响植物对阳光的使用效率，有的叶片有助于减少捕捉正午时过于强烈的光线，有的甚至可以为自己提供阴凉，而圆形的叶片则会在白天捕捉更多的阳光，同时有更多的碳增益。叶片的形态必须要足够舒展，以捕捉阳光进行光合作用，同时要保证气孔能吸收足够的二氧化碳。有的叶片带有叶裂，能使阳光穿透树冠，保证下方的叶片也能进行光合作用。有的叶裂形状和虫子啃咬的痕迹相似，形成已经被啃咬的假象，从而减少虫子啃咬以及产卵的几率。每一种植物都设计出不同的叶片来完全适应它的生存环境，这是植物的生存智慧。

---

[1]《奇妙四季》为植物认知系列课程，由《奇妙四季·小叶子大学问》《奇妙四季·探秘花花世界》《奇妙四季·植物妈妈有办法》等一系列课程模块组成，本书选取《奇妙四季·小叶子大学问》为例。
[2] 资料来源：马炜梁. 植物学[M]. 北京：高等教育出版社，2009.

叶的结构

植物的叶片具有三种基本结构，即表皮、叶肉和叶脉。其中，叶脉是由贯穿在叶肉内的维管束和其他有关组织组成的叶内的输导和支持结构。叶脉是叶片的骨骼，支撑叶肉，维持叶片的形状。同时，叶脉也是输送养料和水分的管道，通过叶柄与茎内的维管组织相连。叶脉在叶片上呈现出各种有规律的脉纹的分布，称为脉序，主要有平行脉、网状脉、叉状脉三大类型。

叶的颜色

植物的叶片中含有绿色的叶绿素。植物利用叶绿素捕捉光能，并且在叶片中其他物质的帮助下把光能以糖等化学物质的形式存储起来。除叶绿素外，很多叶片中还含有类胡萝卜素、花青素等其他色素。类胡萝卜素又叫叶黄素，能使叶片呈现橙黄色，而花青素则能使叶片呈现红色。在春天和夏天，叶绿素在叶片中的含量比其他色素大得多，所以叶片呈现出绿色。而到了秋天，昼短夜长，光照减少，气温下降，昼夜温差加大，叶片不再制造大量的叶绿素了，已有的叶绿素也将逐渐分解。随着叶绿素含量的减少，其他色素的颜色就会渐渐显现出来，因此呈现出缤纷的秋色。

植物秋天落叶的原因

落叶是植物抵御寒冷气候的一种生态学策略（图1-5）。在冬季，气温低，光照少，叶片会消耗大量的碳水化合物维持呼吸作用。植物为了节约能量，提高竞争力，就选择让叶片脱落。在脱落的过程中，叶片里的养分可以运输到植物体内存储下来，为来年发芽作准备。

图1-5 缤纷的落叶

教学内容

1 引入 10~15 分钟

1.1 开场介绍。

1.2 热身游戏：叶子找朋友。

游戏规则

教师准备香樟、柳树、银杏、鸡爪槭、水杉、构树等植物的落叶各 2~3 片，颜色需要有红、黄、绿等差别。学生以教师为中心围成一个圈，将手背在身后，由助教在每位学生手中放一片落叶。学生需要通过触摸感受叶片的形状、大小、材质等特点，并用语言描述出来。学生根据他人描述，找到和自己拿到同样叶片的伙伴，组成活动小组。

时长缩短建议

教师可减少游戏环节，用落叶抽签的方式直接进行分组。

2 构建 15~20 分钟

2.1 教师请同学们在户外草地上围坐成一个圈，在圈内放置一张白色海报纸或者不织布，然后请同学们将所拿到的叶片放置到白纸上，方便观察。教师可以适当多提供一些叶片，让同学们相互传阅。

2.2 教师请每个小组的同学简要描述自己拿到的叶片特征，主要从形状、颜色、大小、质感等方面进行描述，随后通过图片介绍相应的植物。此处可以结合一些趣味的解说，激发学生的兴趣。

2.3 所有的植物介绍完以后，教师拿出一张彩虹色的色卡，请同学们将叶片放置到色卡对应的位置，随后提问：为什么叶片到了秋天五彩斑斓？为什么叶片的颜色很少出现蓝色？随后请同学们回答，提出猜想。

2.4 教师通过图片解释植物的叶片里含有很多种不同的生物色素，如叶绿素、类胡萝卜素、花青素等。叶片是植物的营养器官，通过叶绿体进行光合作用产生养料。在光合作用旺盛的时期，叶片叶绿素的含量比较多，叶片因此呈现绿色。到了秋天，光合作用逐渐停止，叶绿素渐渐分解。这个时候，类胡萝卜素和花青素就显现了出来。于是，秋天的树林就变得五彩缤纷了。

2.5 教师提问，到了秋天所有的植物叶片都会变色并且脱落吗？教师一步讲解有的植物一年四季都是常绿的，比如，香樟；有的植物在秋天树叶会变黄然后脱落，比如，银杏和构树。请学生从现有的叶片中选出一年四季常绿的以及到了秋天会变色的植物的叶片，并且比较它们有何不同。

2.6 常绿树的叶片往往比较厚实且坚硬，形成革质或者蜡质的效果，可以防止水分散失，减少冻害，从而保证叶片过冬。落叶树的叶片往往比较薄，质感接近纸质。这是植物应对季节变化而产生的适应现象。

2.7 除了颜色和质感的不同以外，植物的叶片还有其他的特征，需要学生在实践环节中进行探索和发现。教师介绍实践环节的两项任务，一项为个人任务，每位同学需要根据任务单的提示，找到相应的落叶，并且进行记录；一项为小组任务，老师为每个小组提供一张彩虹色卡，请同学们根据色带上的色彩寻找五彩缤纷的落叶，色彩越丰富越好。

3 实践
15~25 分钟

3.1 教师为每个小组分发任务单、记录笔、彩虹色卡和收集落叶用的小竹篮，请同学们去大自然中探索叶片的秘密。在出发之前教师必须强调：只能捡拾地上的落叶，不能采摘树上的叶片，要形成爱护周边自然环境的意识。

3.2 请同学们根据任务单上的内容找到相应的叶片，并且记录叶片的形状、叶脉等信息。老师可以提前提出疑问：植物的叶片有哪些不同的形状？为什么会有这种现象？请同学们带着疑问去寻找叶片，提出猜想。

3.3 除了完成任务单以外，每个小组的同学还需要根据彩虹色卡的颜色，捡拾相应的落叶。老师可以提醒同学们，因为捡拾的落叶最终会用于艺术创作，所以请大家尽可能捡拾色彩和形状丰富多样的落叶。

4 分享
10~20 分钟

4.1 教师请学生分享任务单完成的成果，分别介绍1~2种观察到的植物叶片的特征，包括颜色、气味、触感、正面和背面的细节等。

4.2 请学生将捡拾到的落叶的形状进行分类，可以提问：你觉得形状最特别的叶片是哪种？激发大家讨论植物叶形和大小的差异，并且讨论关于植物叶片的形状出现原因的猜想。

4.3 教师总结同学们提出的猜想，然后介绍植物叶片出现不同形状的原因是在特定环境下进化的结果，如：大叶片能尽可能多地获取阳光；小叶片能够避开太多的阳光，并且在寒冷的环境中牢牢集中在一起；掌状裂的叶片能让阳光穿透树冠，使下层的叶片也能获得阳光。

4.4 教师也可以补充分享植物叶片的结构，并且解释植物的叶片能有这么多形状，是因为有叶脉承担着骨架的作用。叶脉对于叶片来说也是输送营养和水分的重要管道。

4.5 教师可继续邀请学生分享实践环节中的特别发现，比如说，有特殊气味的叶片、被其他生物啃食过的叶片、同一株植物上的不同叶片等。

4.6 教师请同学们分享捡拾到的色彩缤纷的落叶，可以请小组同学进行艺术创作，共同拼成"四季彩虹""五彩色环"等形状，体会秋叶色彩的魅力，培养学生对色彩和色系的认知。

5 总结 5~10分钟

5.1 回顾课程的主要内容，强化叶片颜色、形状和结构等知识点。

5.2 回顾课程中的发现、思考过程，重温同学们在实践过程中通过探索得到的新发现。

5.3 共同欣赏完成的艺术作品，合影留念，保留珍贵的回忆。

6 评估

6.1 能说出课程中出现的主要植物名称以及叶片特点。

6.2 能理解叶片是植物的营养器官，通过光合作用产生养料，通过叶脉运输养料。

6.3 能理解植物的叶片在颜色、形状、结构上的差异都源于其对环境的适应。

6.4 能观察周围的植物，学会欣赏自然之美。

6.5 在活动过程中能收集地面的落叶，不采摘树上的叶片。

6.6 在实践环节能积极参与讨论，并与组员开展合作。

7 拓展

深度拓展

请学生以居住区或者校园里的几种不同植物作为观察对象，每月进行1次观察活动，记录植物的叶片在一年四季中的变化，形成植物叶片的观察小报告（图1-6）。

图1-6 落叶组成的色卡

奇妙四季　　　　　　　　　　　【学生任务单】

你能找到以下形态的落叶吗？请在大自然中找到它们，并写出它们的名字。

_____　　_____　　_____

_____　　_____　　_____

请找到3种让你印象深刻的叶子，画下它们的样子，并记录它们的名字和基本特点。

怎样记录叶片的基本特点呢？
【小提示】
它的形状像什么？
它的尺寸有多大？比你的手大还是小？
它的身体上有没有长刺或者绒毛呢？如果有，是长在什么位置的？
它是厚的还是薄的？摸上去像纸片还是皮革？
它的边缘有锯齿吗？
它闻上去有味道吗？是臭的还是香的？
……

它的名字：_____
它的特点：_____
_____
_____
_____
_____
_____

它的名字：_____
它的特点：_____
_____
_____
_____
_____
_____

它的名字：_____
它的特点：_____
_____
_____
_____
_____
_____

看见湿地
三 鹭鸟家族

教学目标

1. 认识同里国家湿地公园常见的鹭鸟种类，了解其形态特征和生活习性。
2. 掌握观察鹭鸟的基本方法。
3. 了解鹭鸟与湿地的关系。

涉及《指南》中的环境教育目标

环境意识

1.1.1 欣赏自然的美。

1.1.2 运用各种感官感知环境和身边的动植物。

环境态度

3.1.1 尊重生物生存的权利。

技能方法

4.1.4 评价、组织和解释信息，简单描述各环境要素之间的相互作用。

与《课标》的联系

小学科学

1.7.2 地球上存在不同的动物，不同的动物具有许多不同的特征，同一种动物也存在个体差异。

1.7.2.1 说出生活中常见动物的名称及其特征；说出动物的某些共同特征。

1.7.2.2 能根据某些特征对动物进行分类；识别常见的动物类别，描述某一类动物（如昆虫、鱼类、鸟类、哺乳类等）的共同特征；列举我国的几种珍稀动物。

核心素养

理性思维、勇于探究、乐学善学、社会责任、问题解决

授课对象
小学生

活动时长
80~110 分钟

授课地点
室内外结合，实践活动需在室外自然环境中开展

扩展人群
初中生，亲子家庭

适宜季节
春、夏

授课师生比
1:1:15（~20）

辅助教具
鹭鸟拼图、鹭鸟图片、鹭鸟小剧场道具、鹭鸟时装秀道具、任务单、望远镜、数字卡片

知识点
- 同里国家湿地公园常见的鹭鸟种类
- 常见鹭鸟的形态特征和生态习性
- 鹭鸟与湿地的关系

*本课程由同里国家湿地公园陆佳佳设计。

知识准备

鸟

鸟类是一种身披羽毛、卵生、恒温的脊椎动物。鸟类身体的不同部位有不同的名称。从外形上看，从前至后可以将其分为头、胸、腹、尾、翅和附肢这几个大的部分，这些部分是在野外观鸟过程中主要观察的部位，也是区别鸟类的主要依据。在野外识别鸟类时，其腹、胸部的颜色，附肢的颜色和趾的形态，颈部及颈部的颜色及是否有一些形状（如环形），翅上的斑纹及颜色，腰上的颜色等都是识别的重点。

鹭科鸟类简介

鹭科鸟类（简称"鹭鸟"）隶属于鹳形目，为大中型涉禽，常见于江河、湖泊及滩涂等湿地。世界上大部分地区都有鹭类分布。鹭鸟的头形较长，额较扁平，身体呈纺锤形，体外被覆羽毛，躯体可分为嘴、头部、躯干、翼、尾和脚等部分。鹭鸟身体的另一特征是嘴长、脖长、脚长和爪趾长，因此体格显得格外纤瘦。鹭鸟体羽疏松，多为单色，雌雄同色。通常由白、灰、蓝、褐等色构成，有些种类具深色条纹，不少种类在头、背或前颈下部具有丝状蓑羽。在繁殖期，鹭鸟头后常有冠羽。有的鹭鸟品种还长有特别漂亮的矛状羽，加上大多数全身洁白，因此具有很强的观赏性。[①]

鹭鸟属（种）间有明显差异，即使同一鹭种不同地域、不同季节也有差异变化，大都是肉食性，多以小鱼、虾等水中生物，及软体动物、甲壳动物、两栖动物、小型爬行动物、昆虫等为食，多栖息在湿地环境，如近水林区、海滨、湖泊、河流、沼泽、水稻田等水域附近。它们大多要迁徙，5~8月为繁殖期，繁殖期时多群居营巢。鹭鸟选择固定的地点筑巢，一般选择在乔木或灌木上、芦苇丛、灌木丛、草丛、竹林、矮山崖甚至在地面。

同里国家湿地公园的鹭鸟

同里国家湿地公园水网交错，北含澄湖，南接白蚬湖，内有季家荡，茂盛的植被、丰富的湿地类型以及庞大的水域，使其成为鸟类的乐园。同里国家湿地公园最常见的鹭鸟种类有小白鹭（图1-7）、中白鹭、大白鹭、池鹭（图1-8）、夜鹭以及牛背鹭六种，本课程将以这六种鹭鸟为例，带同学们走近同里国家湿地公园的鹭鸟家族（表1-2，图1-9）。

图1-7 同里国家湿地公园的小白鹭

图1-8 同里国家湿地公园的池鹭

---
① 资料来源：郭豫斌. 中国学生不可不知的1000个动物常识[M]. 北京：少年儿童出版社，2011.

表1-2 同里国家湿地公园常见鹭鸟特征[①]

	大白鹭	中白鹭	小白鹭	牛背鹭	池鹭	夜鹭
体型	体型较大,体长约950毫米。脖子长,形成明显的"S"形	体型介于大白鹭和小白鹭之间,体长约700毫米	体型中等,体长约600毫米	体型略小的白色鹭,体长约500毫米	体型略小,体长越约470毫米	体型较小,体长约460毫米
羽毛	全身洁白,繁殖期羽肩背部着生装饰羽毛,胸部没有	全身洁白,繁殖期胸前和背部有长长的丝状羽	全身洁白,繁殖期脑后长有2根细长的羽毛,如辫子,胸部和后背具有细长的丝状饰羽	冬羽近全白色,繁殖期头、颈、背等变浅黄色	冬羽及亚成鸟站立时具褐色纵纹,飞行时体白色而背部深褐色。头及颈深栗色,胸紫酱色	亚成鸟具褐色纵纹及点斑,成鸟顶冠黑色,颈及胸白色,颈背具2条白色丝状羽,背黑,两翼及尾灰色
喙	嘴厚重,嘴裂过眼(区分于中白鹭)	嘴相对短,嘴裂不过眼。嘴为黄色,端部黑	嘴黑色	嘴黑色	嘴黄色,尖端黑色,基部蓝色	嘴黑色
足	腿部皮肤为红色,脚黑色	脚全黑色	腿黑色,爪黄色	脚暗黄色至近黑色	脚暗黄色	脚污黄色
眼	虹膜黄色	虹膜黄色	虹膜黄色	虹膜黄色	虹膜黄褐色	虹膜亚成鸟黄色,成鸟鲜红色
习性	大白鹭、中白鹭、小白鹭均为白鹭属鸟类。白鹭属在觅食的时候不会成群结队,而是以分散的方式单独在河滩、湖边觅食。白昼或黄昏活动,以水中生物为食,包括鱼、虾、蛙及昆虫等,兼食蛇类、软体动物及小型啮齿类。常站在水边或浅水中,用嘴飞快地攫食			主要以蝗虫、蚂蚱、蚱蟓、蟋蟀、蝼蛄、螽斯、牛蝇、金龟子、地老虎等昆虫为食,主要是水牛等大中型食植动物从草地上引来的昆虫,兼食鱼、蛙等	食物主要为小鱼、蟹、虾、蛙、小蛇和蚱蜢、蝗虫、蝼蛄、蜻蜓、鳞翅目幼虫和蝇类等昆虫及其幼虫,偶尔也吃少量植物性食物。觅食时多在水边浅水处或沼泽和稻田地中边走边觅食	主要以鱼、蛙、虾、水生昆虫等动物性食物为食。夜鹭是喜欢在夜晚中出行的鸟类。傍晚时分,在同里湿地里会经常看到成群的夜鹭停在芦竹丛边,或是树上,或是水岸边

图1-9 同里国家湿地公园常见的鹭鸟

[①] 资料来源:中国鸟类网 http://aves.elab.cnic.cn/.
赵欣如,肖雯,张瑜.野外观鸟手册[M].北京:化学工业出版社,2015.

教学内容

1 引入
5~10 分钟

1.1 开场介绍并分组。

1.2 拼图游戏：将大白鹭、中白鹭、小白鹭、牛背鹭、夜鹭、池鹭的图片制作成为拼图，将学生分组，每组拼出一个物种，引出鹭鸟家族的课程主题。

1.3 游戏结束后，引导学生观察拼图，寻找鹭科鸟类的统一特征，比如，长腿、羽毛的颜色等，了解鹭鸟的特点。

2 构建
20~30 分钟

2.1 通过拼图中寻找大白鹭、中白鹭和小白鹭的特征，教师介绍大白鹭、中白鹭和小白鹭的区别，通过这三种鹭鸟，讲解鹭鸟的基本知识，介绍鹭鸟家族的形态特征。

2.2 教师介绍在同里国家湿地公园除了大白鹭、中白鹭和小白鹭外，还生活着其他不同种类的鹭鸟，如牛背鹭、夜鹭、池鹭。请同学们观看三段由老师表演的情景短剧（图1-10），通过短剧和图片了解这三种鹭鸟的特点。

图1-10 教师和助教表演情景剧

情景剧剧本一

有一天，牛伯伯正在农田里耕地。

牛伯伯： 哞——！大家好，我是牛伯伯。啊呀，我的背突然好痒啊。怎么办？我挠不到！好痒！

牛背鹭： 牛伯伯，您怎么了？

牛伯伯： 我的背好痒，很难受，可是我抓不到。

牛背鹭： 不要着急，您的背上有小虫子，我最爱吃了，让我来帮您。

牛背鹭跳到牛伯伯背上吃虫子。

牛伯伯： 咦？真的不痒了，谢谢你！

牛背鹭： 不用客气，让我和您待在一起吧。您每次耕地都能翻出很多美味的虫子，它们可是我的最爱。

情景剧剧本二

一天早上,小白鹭准备出去觅食,看到邻居家的夜鹭还在睡懒觉。

小白鹭: 太阳晒屁股啦,我们出去找点吃的吧。

夜鹭: 不要急,让我再睡一会儿。

小白鹭: 好吧,那我先走啦!

中午,小白鹭回到家,看到夜鹭还没有出门。

小白鹭: 中午啦,你怎么还不出门呀?

夜鹭: 不要急,再等等,再等等。

小白鹭: 好吧,我继续出去找吃的了。

晚上,小白鹭吃得饱饱的,准备回家休息了,看到夜鹭还是没出门。

小白鹭: 你怎么一整天都待在家里?你不饿吗?

夜鹭: 不要着急嘛!再等等!

过了一会儿,夜鹭站起来伸了个懒腰,抖了抖翅膀。

夜鹭: 时间差不多啦,我要出去吃饭啦!

小白鹭: 原来,它的生物钟和我的不太一样啊!

情景剧剧本三

池鹭披着一条红围巾,呆呆地站在池塘边一动不动。不一会儿,来了一只小白鹭。

小白鹭: 你好呀!你在看什么呀?池塘里有什么好东西吗?

池鹭: ……(保持一动不动,也不说话。)

小白鹭: 嘿!你怎么不说话呀?

池鹭: ……

小白鹭: 真是一只奇怪的鹭,我去别的地方转转吧。

小白鹭离开了,过了一会儿,它又回来了。

小白鹭: 你怎么还在这里呀?池塘里到底有什么好看的呢?

池鹭: ……

小白鹭: 嘿!你怎么不理我呀?唉,走了走了。

说完,小白鹭又去别处玩耍了。又过了一会儿,小白鹭又来到了池塘边。

小白鹭: 天哪!你怎么还在这里,都待了这么久了。你到底在看什么呀?

池鹭: ……

小白鹭: 你怎么还是不理我?

突然这个时候,池塘里游过一条小鱼。池鹭飞快地伸长脖子,用嘴巴把小鱼夹了起来。

小白鹭: 啊,原来是在等待猎物啊!耐心比我好太多了。

2.3 介绍不同鹭鸟的生活习性，包括昼夜作息、迁徙路径、食性、育雏行为等。

2.4 讲解鹭鸟的形态特征、生活习性和生境之间的联系，引出同里国家湿地公园的水杉、池杉林和鱼塘等地是观测鹭鸟的适合地点。

3 实践
40~45 分钟

3.1 教师要求同学们以小组为单位开展户外观察，观察结果记录到任务单上。

3.2 教师介绍双筒望远镜的使用方法和注意事项。

3.3 教师带领同学们来到户外，进行鹭鸟观察。小组对观察到的鹭鸟种类、形态、活动行为、栖息地进行记录。

4 分享
10~15 分钟

4.1 对照任务单上的记录，请各小组分享观察成果。

4.2 为弥补实地观察在季节、距离、清晰度、生动性方面的局限性，将公园收集的音频、视频资料展示给学生们，加强感性认识。

4.3 从鹭鸟观察引发学生思考：在同里的鹭鸟快乐吗？从而引出同里国家湿地公园为保护水鸟所做的工作，及湿地公园在保育方面的价值。

5 总结
5~10 分钟

5.1 小游戏：鹭鸟时装秀

> **游戏规则**
>
> 利用围巾、帽子、鞋套、眼镜等道具，模拟不同鹭鸟的身体特征，邀请学生通过穿戴的方式，用肢体表现不同鹭鸟的外形特点。

5.2 总结不同鹭鸟形态特征及生活习性，并说明它们如何适应湿地环境的。

5.3 回顾观鸟的一般方法和注意事项。

6 评估

6.1 感受观鸟的乐趣。

6.2 学会使用望远镜，开展鸟类观察。

6.3 说出不同鹭鸟的形态特征和生活习性，能对常见的鹭鸟进行正确辨识。

6.4 能以小组讨论、分工与合作的形式开展探究。

7 拓展

> **深度拓展**
>
> 对于低年级学生，鼓励其以鹭鸟为主人公，创作一则故事，并与同学和家人分享。对于高年级的学生，可将鹭鸟的一些特征和习性作为课题，进行深入地研究和观察。

看见湿地

四 今天也要开心"鸭"

授课对象	小学生
活动时长	90~120 分钟
授课地点	室内外结合,实践活动需在室外自然环境中开展
扩展人群	初中生,亲子家庭
适宜季节	秋、冬
授课师生比	1:1:15(~20)
辅助教具	罗纹鸭模型、罗纹鸭图片、PPT课件、绳子、游戏情景卡片、水果糖
知识点	• 候鸟迁徙的相关知识 • 罗纹鸭的形态特征和生态习性 • 雁鸭类水鸟与湿地的关系

教学目标

1 了解候鸟迁徙的相关知识,提高学生对湿地及鸟类的兴趣。
2 掌握罗纹鸭的外形特征、迁徙习性、保护级别等相关知识。
3 了解雁鸭类水鸟面临的环境危机以及同里国家湿地公园为此所做的保护措施。

涉及《指南》中的环境教育目标

环境意识

1.1.1. 欣赏自然的美。

环境知识

2.1.1 列举各种生命形态的物质和能量需求及其对生存环境的适应方式。

2.1.10 理解经济发展需要合理利用资源,并与生态环境相协调。

技能方法

4.1.1 学会思考、倾听、讨论。

与《课标》的联系

小学科学

1.7.2 地球上存在不同的动物,不同的动物具有许多不同的特征,同一种动物也存在个体差异。

1.9.2 动物能够适应季节的变化。

1.9.3 动物的行为能够适应环境的变化。

1.12.1 动物和植物都有基本生存需要,如空气和水;动物还需要食物,植物还需要光。栖息地能满足生物的基本需要。

1.12.4 自然或人为干扰能引起生物栖息地的改变;这种改变对于生活在该地的植物和动物种类、数量可能产生影响。

核心素养

理性思维、批判质疑、勤于反思、珍爱生命、社会责任、问题解决

*本课程由同里国家湿地公园沈娅婷设计。

知识准备

罗纹鸭

　　罗纹鸭是中型鸭类，体型略较家鸭小，体长40~52厘米，体重0.4~1千克。雄鸭繁殖期头顶暗栗色，头侧、颈侧和颈冠铜绿色，额基有一白斑；颏、喉白色，其上有一黑色横带位于颈基处；三级飞羽甚长，向下垂，呈镰刀状；下体满杂以黑白相间波浪状细纹；尾下两侧各有一块三角形乳黄色斑，明显有别于其他鸭类，野外容易鉴别（图1-11）。雌鸭略较雄鸭小，上体黑褐色，满布淡棕红色"U"形斑；下体棕白色，满布黑斑。雄鸭非繁殖羽似雌鸭。

图1-11 罗纹鸭（雄）外形特征

　　罗纹鸭主要以水藻、水生植物嫩叶、种子、草籽、草叶等植物性食物为食，主要栖息于江河、湖泊、河湾、河口及其沼泽地带，繁殖期尤其喜欢在偏僻而又富有水生植物的中小型湖泊中栖息和繁殖。冬季也出现在农田和沿海沼泽地带，繁殖在西伯利亚东部、远东以及中国黑龙江省和吉林省，越冬在中国、朝鲜、日本、缅甸、印度（北部）和中南半岛。

　　罗纹鸭通常3月初至3月中旬开始从越冬地往北迁徙，3月末4月初陆续到达我国河北东北部和东北地区，大量迁徙在4月中下旬，其中少部分留在当地繁殖，大部分继续往北迁徙。迁徙时常呈几只至10多只的小群。9月中旬至10月末开始南迁，少数迟至11月初。

罗纹鸭分布区域和数量[①]

罗纹鸭分布于西伯利亚东南部，俄罗斯和蒙古国的南部到北部，中国和日本。主要越冬地位于中国（78000只）、日本（9000）只、朝鲜和韩国（2000只），也有一部分种群通常在孟加拉国、印度（东北部）、尼泊尔、缅甸、老挝（北部）、泰国、越南和中国台湾越冬。在中国，罗纹鸭繁殖于东北北部及中部，在东北兴安岭及吉林省中部的湖泊、沼泽等处有过繁殖记录。罗纹鸭在中国东部自河北南抵海南岛越冬。在20世纪70年代日本全国雁鸭类调查中，罗纹鸭数量平均有15000只；到80~90年代，尽管调查地点较年代有所增加，但是平均数量已经不足10000只。由日本和韩国的数据可见，在日本和韩国越冬的罗纹鸭的数量应不足15000只。除此之外，罗纹鸭在繁殖地的种群数量也呈急剧减少的趋势。

罗纹鸭记录在《国家保护的有益的或者有重要经济、科学研究价值的陆生野生动物名录》中，因此属于我国的"三有保护动物"。《同里国家湿地公园2014—2018年鸟类调查报告》显示，每年在公园北部澄湖上都有罗纹鸭前来越冬，数量可达千余只，超过了其东亚种群的1%，在一定程度上显示出澄湖的重要意义。

鸟类的迁徙[②]

动物因为觅食、交配等原因，常常会发生定向的长距离移动，比如，鸟类的迁徙、鱼类的洄游、陆生动物的迁移。鸟类迁徙，是鸟类遵循大自然环境的一种生存本能反应。研究鸟类的迁徙行为，了解候鸟的迁徙时间和路线、迁徙数量、种群关系、归巢能力、死亡率、存活率、寿命，以及与繁殖地、越冬地环境的关系等生态规律，可以为保护珍稀濒危鸟种、利用候鸟保护农林生产和维护生态平衡、保障航空安全、防止流行病的传播、制定法律等提供科学的依据，将会给人类带来巨大的社会和经济效益以及生态效益。鸟类的迁徙每年在繁殖区和越冬区之间周期性地发生，大多发生在南北半球之间，少数在东西方向之间。人们按鸟类迁徙活动的有无把鸟类分为候鸟和留鸟。

全球约有900多种迁徙水鸟，大致可以分出9条主要的水鸟迁徙路线。其中，同里国家湿地公园就位于"东亚——澳大利西亚"迁徙路线上，为过往的候鸟提供了栖息和觅食的场所。迁徙是候鸟生命周期中风险最高的行为，因为迁徙的过程往往受到鸟类自身体能、天敌、气候以及中转点和栖息地的食物等多种因素的制约。

---

① 资料来源：李丁男.中国受胁雁鸭类的地理分布及保护状况研究[D].北京：北京林业大学，2014.
② 资料来源：何久娣，罗泽，苏锦河，等.基于高斯模型的T-LoCoH候鸟家域估计算法研究及应[J].科研信息化技术与应用,2015,6(06):56-64.

教学内容

1 引入 5~10 分钟

1.1 教师进行开场介绍。

1.2 教师向学生派发空白的鸭子形状的卡纸。教师可以通过问答，指引学生在卡纸上填色，如：你们都见过鸭子吗？有的话，是在哪里见到的？见到的鸭子是什么颜色？是否在野外见过鸭子？如在野外见到过鸭子，则在野外见到的鸭子是什么颜色？

1.3 请学生展示他们填完色的鸭子卡片，将孩子画的鸭子和提前准备好的罗纹鸭、绿头鸭、大雁、天鹅、鸳鸯等雁鸭类照片作对比，引出鸭科的物种多样性。

2 构建 20~25 分钟

2.1 教师出示罗纹鸭雄鸭和雌鸭的图片，介绍罗纹鸭基本的外形特点。

2.2 放映罗纹鸭的生活视频，请学生观察罗纹鸭的行为特征。

2.3 结合罗纹鸭的外形和行为，介绍罗纹鸭的基本生态习性，就罗纹鸭的迁徙路线作进一步的介绍。

2.4 通过介绍身边常见的鸟类介绍留鸟和候鸟的概念，随后教师向学生展示罗纹鸭的迁徙路线图，帮助学生建立对候鸟迁徙、繁殖地、越冬地等概念的直观理解。

3 实践 50~60 分钟

3.1 体验游戏：开心鸭历险记。教师介绍在遥远的西伯利亚生活着一群无忧无虑的罗纹鸭，它们每天都过得开开心心，所以被称为"开心鸭"。每位同学都将扮演一只开心鸭，引导学生体验和了解罗纹鸭在迁徙之路上可能遭遇的问题。

3.2 场地准备：栖息地面积和路线长度根据人数，结合现场条件而定。路线最好能穿梭在现场的构筑物或植被之间，每一段路线长度100~150米。

3.3 教师先介绍游戏规则，确保学生能够按照规则开展活动。

游戏规则

（1）每一位学生扮演鸭群中的罗纹鸭，集体组成一个鸭群。

（2）游戏过程中所有人都必须跟着教师，沿着预先设计好的迁徙路线进行迁徙。

（3）在迁徙之路上共有五片栖息地，教师可事先用绳子圈好。参与者需要根据教师的口令进入栖息地觅食或者离开栖息地继续迁徙。每一个栖息地都会有相应的场景出现，每一个场景都会直接影响鸭群的个体数量。

（4）在听到"开始迁徙"的口令时，所有鸭子都需要跟随教师开始奔跑迁徙；

听到"开始栖息"的口令时,鸭子们必须进入栖息地且原地不动;听到"开始觅食"的口令时,鸭子们需要从觅食点获取食物——不同颜色包装的水果糖,每只鸭子最多只能获取一份食物。绿色的糖果代表正常食物,紫色的糖果代表已经被污染的食物,红色的糖果代表毒饵。食物中会混入矿泉水瓶盖,代表固体污染物,鸭子可能会误食。吃到特定食物的鸭子会出现被直接淘汰或者身体越来越虚弱等情况。

第一幕场景

主讲教师出示西伯利亚的湖泊图片,并且描述情景:在遥远的西伯利亚的一个湖泊里,生活着一群开心鸭。夏天的时候,它们在这里生下了自己的小宝宝。秋天来了,天气越来越冷,罗纹鸭即将踏上迁徙之旅,遵循祖祖辈辈的传统前往南方过冬。在出发之前,鸭群需要补充体力。

此时,教师请鸭群进入第一片栖息地。助教老师提前准备好一些糖果,待鸭群全部栖息之后,主讲教师发布口令:"开始觅食。"这时,食物是充足的,所有鸭子都能得到一份食物,这一轮暂时不作淘汰。

第二幕场景

主讲教师出示一片湖泊正在被改造的照片,并且描述情景:开心鸭像往年一样开始了迁徙之旅,到了去年冬天的栖息地。然而,因为周边居民人口的增加,这片栖息地即将被改造成农田和村舍。

此时,教师带着鸭群开始迁徙,并且来到了事先圈好的栖息地旁,主讲教师宣布:"开始栖息。"所有鸭子进入第二片栖息地休息。这时,助教扮演当地居民,开始着手改造这片栖息地,拿起绳子缩小栖息地面积,并且驱赶开心鸭群。主讲教师宣布栖息地过于狭小已经不适合栖息,请鸭子们继续迁徙。

第三幕场景

助教老师在下一片栖息地中准备一些绿色、紫色和红色的糖果,并且在其中混入一些矿泉水瓶盖,糖果的数量少于鸭群鸭子的总数。主讲教师出示一张远处有工厂的湿地图片,并且描述情景:开心鸭经历了漫长的迁徙之旅,终于找到了一片可以栖息的小湖泊,它们已经饿坏了,想要尽快找到食物。

鸭群飞到第三片栖息地,主讲教师发布口令:"鸭群开始觅食。"所有鸭子进入栖息地觅食,每只鸭子只能获取一份食物。主讲教师宣布没有拿到食物的鸭子以及吃到了毒饵和垃圾(瓶盖)的鸭子只能进入天堂区,不能继续迁徙之旅,而拿到紫色被污染的食物的鸭子身体会很虚弱,只能半蹲前行,速度慢且压力很大,随时可能被甩开。

第四幕场景

教师带着鸭群继续踏上迁徙之旅，在奔跑的过程中，主讲教师描述情景：在觅食的过程中，鸭群里失去了几位伙伴，大家都很伤心。剩下的开心鸭们只能不断向前飞行，寻找新的栖息地。然而，飞了很久很久，经过了几片往年的栖息地，这些栖息地都变成了农田和房子，不能栖息了，鸭群只能继续飞行。

随后，教师出示风景秀丽的城市公园的图片，并且描述场景：经历了猎人的追赶，鸭子们精疲力尽，决定在公园里稍作休整。

教师带着鸭群进行较长距离的飞行，因为吃到了被污染的食物而身体虚弱的小鸭子无法再跟上鸭群，只能淘汰进入天堂区。其他的鸭子继续飞行，到达第四片栖息地，是一个风景秀美的公园，鸭子们终于可以休息一会儿了，主讲教师宣布："开始栖息。"鸭群进入栖息地短暂休息。

这时教师扮演游客，如果有家长在场，也可以请家长朋友一起参与。游客在一旁围观鸭群，公园里人来人往，人们纷纷靠近拍照，有人向鸭群投掷吃剩的食物，还有人在议论野鸭的肉质一定很鲜美。开心鸭的休息受到了极大的干扰，教师带领鸭群继续迁徙。

第五幕场景

教师展示澄湖的照片，并且描述情景：鸭群里的幸存者继续踏上迁徙之旅，历经千辛万苦，终于来到了第五片栖息地——澄湖，开心鸭们终于可以安全地过冬了。

教师扮演同里国家湿地公园的工作人员，向小鸭子们介绍公园近几年为保护雁鸭类水鸟的栖息环境所做的努力，并且欢迎它们来此地栖息。至此，开心鸭们惊险的迁徙之旅就告一段落了。

3.4 游戏结束后总结罗纹鸭迁徙之路上会面临栖息地缩小甚至丧失、食物短缺、环境污染导致食物质量下降、公众保护意识比较低等问题。

3.5 教师介绍每年冬天都会有一千多只罗纹鸭在澄湖栖息越冬，请同学们一起前往澄湖寻找罗纹鸭的身影。出行前需要向学生分发望远镜并教授正确的使用方法，以及观鸟注意事项。

3.6 教师带领同学们出发前往澄湖边，观察湖中的水鸟。重点寻找湖面上栖息的鸭群，寻找罗纹鸭的身影。

3.7 除了罗纹鸭以外，根据实际观测情况，可以补充介绍澄湖冬季常见的其他水鸟，比如，绿头鸭、斑嘴鸭、凤头潜鸭、苍鹭、凤头鹛鹛、红嘴鸥等。

4 分享 (10~15 分钟)

4.1 邀请学生回顾罗纹鸭的外形特征、迁徙路线、面临的威胁等。

4.2 请学生思考还有哪些罗纹鸭面临的威胁在课堂中没有提到。

4.3 向学生介绍近几年来同里国家湿地公园越冬的罗纹鸭数量超过了1000只，已经超过了其东亚种群的1%。根据《国际重要湿地公约》的标准："如果一块湿地规律性地支持着一个水禽物种或亚种种群1%的个体生存，那么就应该考虑其国际重要性。"可以得出，澄湖已经具备了一定的国际重要性。

4.4 向学生介绍除了罗纹鸭以外，澄湖上每年冬天还有很多其他的雁鸭类水鸟，它们都面临着和罗纹鸭一样的生存威胁。

4.5 请学生思考自己可以为保护罗纹鸭这样的雁鸭类水鸟做哪些事情。

5 总结 (5~10 分钟)

5.1 总结罗纹鸭的外形和行为特征，回顾其基本的生物学知识。

5.2 总结罗纹鸭在我国的迁徙路线以及它们主要的栖息地。

5.3 回顾当前罗纹鸭在迁徙之路上面临的主要威胁。

5.4 总结保护雁鸭类水鸟的措施及保护现状。

6 评估

6.1 掌握罗纹鸭的外形特征和习性。

6.2 通过学习罗纹鸭的迁徙知识，提高对湿地及鸟类的兴趣。

6.3 知道雁鸭类水鸟在迁徙过程中所面临的生存危机，以及保护措施。

6.4 认同保护雁鸭类水鸟的理念，并愿意从自身生活开始为保护它们做努力。

7 拓展

深度拓展

鼓励学生了解家鸭的发展史，对比家鸭和野鸭，并对民间喜食野味以及非法捕猎的现象进行探讨。

看见湿地

五 七嘴八脚

授课对象
初中生

活动时长
90~120 分钟

授课地点
室内外结合,实践活动需在室外自然环境中开展

扩展人群
小学生、高中生及以上

适宜季节
春、夏、秋、冬

授课师生比
1:2:15（~20）

辅助教具
PPT 课件、鸟喙和鸟足的模型和图片、公园地图、任务单、望远镜、鸟喙实验道具等

知识点
- 常见鸟类的喙形
- 常见鸟类的足
- 鸟类的形态特征和生境之间的联系

教学目标

1 认识同里国家湿地公园内常见的鸟类,了解鸟喙和足的形态所对应的生境。
2 了解鸟喙和足的形态和生境之间关联性产生的原因。
3 认识到生物对生存环境具有适应性。
4 认识生物多样性和生境多样性之间的关联。

涉及《指南》中的环境教育目标

环境知识

2.2.3 解释生物的遗传和进化特征,知道不同物种对生境有不同要求,理解各种生物通过食物网相互联系构成生态系统。

环境态度

3.2.1 珍视生物多样性,尊重一切生命及其生存环境。

技能方法

4.2.2 观察周围的环境,思考并交流各自对环境的看法。

与《课标》的联系

初中生物

3.2.3 描述生态系统中的食物链和食物网。
3.3.2 确立保护生物圈的意识。
8.1.1 尝试根据一定特征对生物进行分类。
8.1.7 说明保护生物多样性的重要意义。

核心素养

理性思维、勇于探究、乐学善学、珍爱生命、社会责任、问题解决

---

* 本课程由同里国家湿地公园沈妍慧、沈越设计。

知识准备

鸟喙是什么

鸟喙是鸟的取食器官（表1-3），起到了类似于哺乳动物嘴唇和牙齿的作用。鸟类没有牙齿是进化的结果，牙齿的消失可以减轻鸟类的体重，从而减轻飞翔时的负担；牙齿的消失也可以让鸟类身体的重心转移到胃部，提高飞翔的效率。

表1-3 同里国家湿地公园常见鸟类喙形及其取食特点[①]

喙形	主要特征及取食特点	代表鸟类
长锥喙	比较粗壮笨重，只为吃到更多食物，从植物种子到动物腐尸，一概吞而食之	喜鹊
短锥喙	略显小巧，多以小型昆虫和植物种子为食，并且具有"嗑瓜子"的技能，在食用植物种子时会将外面的种皮吐掉	黑尾蜡嘴雀
上曲喙	嘴尖上翘，国内目前具有这种喙的鸟仅反嘴鹬一种。反嘴鹬活动的场所多为浅水滩地，其食物多藏于水生植被和草类之间，较为难找，反嘴鹬采用割草式的方式进食，也是经过了漫长进化的结果	反嘴鹬
下曲喙	和上曲喙相反，它们的嘴尖向下弯曲	戴胜
潜鸭喙	是根据潜鸭属鸟类共同特征概括而来的，这类喙的上喙尖端具有一个钩子，为了不让鱼从嘴里溜走	红头潜鸭
扁平喙	多活动于水域，以植物为食，其喙像铲子一样挑起食物。这类喙还具有梳状栉板，用以过滤食物	斑嘴鸭
喉囊喙	利用大喉囊捕鱼，利于水中取食，主要的食物是鱼、甲壳类	卷羽鹈鹕
钩状喙	为肉食性猛禽具有，喙形粗壮尖锐，嘴短而钩曲，利于撕裂食物，以鼠类、小鸟、昆虫、蜥蜴、野兔、蛇、鱼类等小动物为食	红隼
尖细喙	主要啄食昆虫	黄腰柳莺
长细喙	利于啄食底栖生物	黑翅长脚鹬

[①]资料来源：石家胜,刘宁,杨勇辉,等.鸟的喙形与食性的生态相关性[J].商丘师范学院学报,2009,25(06):106-109.

鸟足的种类

根据排列方式，鸟足可以分为：常态足、攫足、掘足、对趾足、并趾足、前趾足等。

（1）常态足：内趾、中趾、外趾向前，后趾向后。一般雀形目的鸟类为该足。

（2）攫足：形态似常态足，长有锋利的指甲，如隼形目的猛禽为了抓取食物，脚趾上长出了锋利的指甲。

（3）掘足：类似于常态足，但是具有钝爪，后趾相应退化少许。这类鸟多用脚刨挖植物茎、种子以及部分昆虫等，比如珠颈斑鸠。

（4）前趾足：四趾均向前方生长。

（5）对趾足：中指、内趾向前，外趾、后趾向后。啄木鸟为了能够攀住树干，便生有该形态的足。

（6）并趾足：前趾的排列像常态足，但基部相连。

根据其趾间有无蹼，又可以分为全蹼足、蹼足、凹蹼足、瓣蹼足等。

（1）全蹼足：所有趾间用蹼相连，如卷羽鹈鹕。

（2）蹼足：前三趾用蹼相连，后趾退化，如斑嘴鸭。

（3）凹蹼足：形态与蹼足类似，趾间蹼向内凹陷。

（4）瓣蹼足：趾间有蹼，但是不相连，呈分离状，如小䴙䴘。

教学内容

1.1 开场介绍并分小组。

1.2 教师询问学生在同里国家湿地公园看到过哪些不同的鸟，引出本期课程的主题——鸟。

1.3 教师展示小白鹭、麻雀、红隼、绿头鸭、戴胜的头部模型和足部模型，请学生做连线题，将头部和足部进行匹配。

1.4 教师公布答案，并提问这些鸟有何不同，引导学生提出鸟喙和鸟足的不同之处。

2 构建
15~20 分钟

2.1 教师提问：为什么鸟儿的喙会有那么多种类？根据学生的回答引到鸟儿食物的不同。

2.2 通过模拟鸟喙吃食物的小实验，请学生思考鸟喙的形态和鸟类的食物有什么关系，与其生活的环境又有什么关系。

鸟喙模拟

小白鹭——筷子；鸭子——勺子；麻雀——尖头钳子；红隼——起钉器；戴胜——尖头镊子。

食物模拟

葵花籽——带壳的果实和种子；轻型黏土模型——肉块；沙子里的橡皮筋——土里的蚯蚓；水盆里漂浮或悬浮的塑料块（表面粗糙、有重量）——小鱼虾和贝类，以上材料中混杂塑料碎片，模拟环境污染对鸟类觅食造成的影响。

实验步骤

（1）准备几个盆，盆内放入模拟的食物，同时准备好5种工具模拟鸟喙。每个盆边对应放上生境的照片，给学生提供判断喙部类型的线索。

（2）由教师说明每一种食物抓取时的注意事项，请学生轮流上台体验每一种鸟喙捕食的方式和适合的食物种类。

（3）实验环节重在体验不同鸟类捕食的感觉，不作定量的统计，实验结束后请学生分享不同鸟喙捕食时的感觉，结合对应的生境，讨论鸟儿应对不同食物时的巧妙策略。

2.3 教师可邀请学生在引入环节的连线活动基础上，再进行一轮连线活动，将鸟类和其对应的食物与生境进行连线。

2.4 教师利用PPT介绍同里国家湿地公园内不同栖息地的类型，并且介绍公园全年的鸟的情况，向学生解释同里国家湿地公园内的鸟类多样性和园内栖息地类型的多样性息息相关。

3 实践
50~60 分钟

3.1 教师要求学生以小组为单位开展户外观察活动，为学生提供望远镜、记录单、鸟类图鉴、公园地图等观测工具，并且讲解望远镜的使用方法。

3.2 教师介绍公园内典型的生境类型，并且提供公园内常见的鸟类图片，请同学们预测在这些生境中可能会看到哪些鸟类，并且记录下来，与最终的观测结果作对比。

3.3 教师要求学生以小组为单位开展户外观察。如果学生具有一定的观鸟基础，且教师人数足够，可以将学生分成若干个不同的小组，前往不同生境进行观察，每组安排一位老师辅助；如果学生观鸟基础弱，且教师人数有限，可以集体行动，学生在教师的引导下观察一种典型生境中的鸟类即可。

3.4 教师可架设2架单筒望远镜，方便学生进一步的观察（图1-12）。

3.5 各小组在记录单上对观察到的生境类型、鸟类名称、数量、形态特征、活动行为等进行记录。

图1-12 中学生学习使用望远镜

4 分享
10~15 分钟

4.1 各组派代表分享自己的成果，总结观察结果和预测的差异性，并且分析有哪些因素会影响到观测结果。

4.2 教师对各组的成果进行整合，引导学生讨论生物多样性和生境多样性之间的关系。

4.3 教师可以引入生物多样性热点的概念，请学生分析公园的哪些位置是鸟类热点区域，原因是什么。

4.4 教师可准备一张公园的大地图和标签贴，将每一期活动的观测成果进行整合，利用标签贴在大地图上进行标注，从而形成一份不断更新的"同里国家湿地公园鸟类热点图"。每一次课程的观测成果都将为完善这张鸟类热点图作出贡献。

5 总结
5~10 分钟

5.1 通过提问的方式，总结鸟类的喙、足和其食物以及生境的关系。

5.2 总结公园内常见的生境类型，描述其主要的特点，并且回顾各生境内生活的不同鸟种。

5.3 阐述同里国家湿地公园鸟类的多样性和生境多样性息息相关，此处可以解释公园内之所以会有如此丰富的生境类型的原因，并且介绍园方为了保护和恢复这些生境所做的一系列生态工程。

6 评估

6.1 认识常见的鸟类，并了解其鸟喙和足的形态所对应的生境。

6.2 了解鸟喙和足的形态和生境之间关联性产生的原因。

6.3 认识到生物对生存环境具有适应性。

6.4 认识生物多样性和生境多样性之间的关联。

7 拓展

> 广度拓展

请学生观察自己生活的社区或学校里常见的鸟类，描述它们的喙、足的形态特征及对应生境，以此为灵感设计身边的鸟类生境地图。

七嘴八脚　　　　　　　　　　【学生任务单】　　　　　　　　　　

鸟类观察记录表

小组成员		观察地点	
观察日期及时间		天气情况	
观察地点的生境特征			
预测可观测鸟类			

编号	鸟类名称	外形特征（体型、羽毛特征、足、喙等）	行为特征（取食、起飞、飞行、游泳、求偶等）
1			
2			
3			
4			
5			
6			
7			
8			
9			
10			
11			
12			
13			
14			
15			

看见湿地
六 羽毛的秘密

授课对象
小学生

活动时长
60~90 分钟

授课地点
室内

扩展人群
初中生、亲子家庭

适宜季节
春、夏、秋

授课师生比
1:1:15（~20）

辅助教具
PPT 课件、羽毛、绘有鸟类轮廓的卡纸、杯子、滴管、放大镜、铁丝、棉线

知识点
- 羽毛的构造
- 羽毛对于鸟类的作用
- 羽毛对于人类的价值

教学目标

1. 了解羽毛进化的历史。
2. 认识鸟类羽毛的构造。
3. 了解羽毛对于鸟类的作用。
4. 讨论羽毛对于人类的价值。
5. 理解保护鸟类、保护自然。

涉及《指南》中的环境教育目标

环境意识

1.1.1 欣赏自然的美。

环境知识

2.1.1 列举各种生命形态的物质和能量需求及其对生存环境的适应方式。

环境态度

3.1.3 意识到需求与欲望的差别，崇尚简朴生活。

技能方法

4.1.1 学会思考、倾听、讨论。

与《课标》的联系

小学科学

1.7.2 地球上存在不同的动物，不同的动物具有许多不同的特征，同一种动物也存在个体差异。

1.7.2.1 说出生活中常见动物的名称及其特征；说出动物的某些共同特征。

1.7.2.2 能根据某些特征对动物进行分类；识别常见的动物类别，描述某一类动物（如昆虫、鱼类、鸟类、哺乳类等）的共同特征；列举我国的几种珍稀动物。

核心素养

审美情趣、理性思维、乐学善学、社会责任、问题解决

---

*本课程由同里国家湿地公园朱鹤妹设计。

知识准备

羽毛的演化[①]

羽毛的演化一直以来是生物进化领域的一个难点。自20世纪60年代末至70年代初,美国耶鲁大学教授约翰·奥斯罗姆复兴了赫胥黎提出的鸟类兽脚类恐龙起源假说后,鸟类起源的研究取得了巨大的进展,这一假说已普遍为人们所接受。此后,有科学家大胆宣布:有证据显示恐龙从未灭绝,如今仍有一个类群活着,这个类群就是现在的鸟类。

1996年后,在中国辽宁省西部及其邻近地区的早白垩世热河生物群(距今1.3亿—1.1亿年前)中陆续发现了大量保存精美的带毛恐龙化石,不仅为鸟类起源于兽脚类恐龙假说提供了更为直观的证据,而且为羽毛的起源和早期演化提供了大量至关重要的信息。科学家在并不具备飞行能力的胡氏耀龙和北票龙化石上都发现了原始的羽毛,因此推测羽毛的起源可能起初并不是为了飞行而是为了炫耀、吸引异性或者其他种间的交流。

此后,科学家又根据相关化石的研究,发现带毛恐龙也存在换羽的现象,揭示了早期羽毛的发育现象。此外,科学家在对早期鸟类和带毛恐龙进行了多年研究之后,推测羽毛的演化在鸟类起源之前就以下列顺序完成了5个主要的形态发生事件:①丝状和管状结构的出现;②羽囊及羽枝脊形成;③羽轴的发生;④羽平面的形成;⑤羽状羽小枝的产生。这些演化事件形成了多种曾存在于各类非鸟恐龙类中的羽毛形态,但这些形态在鸟类演化过程中可能退化或丢失了。这些演化事件也产生了一些近似现代羽毛或者与现代羽毛完全相同的羽毛形态。

非鸟恐龙身上的羽毛有一些现代羽毛具有的独特特征,但也有一些现生鸟羽没有的特征。研究人员认为有关鸟类羽毛起源和早期演化的模型推测羽毛的起源是一个全新的演化事件,与爬行动物的鳞片无关,用来定义现代鸟羽的特征应该是逐步演化产生的,而不是突然出现的。从目前的证据推断,最早的羽毛既不是用来飞行的也不是用来保暖的,各种其他假说皆有可能,其中包括展示或者散热假说。

换羽

许多鸟在生殖季节前换羽以形成艳装来求偶。换羽具有生态适应的意义,大多数鸟每年有2次换羽,春季换羽,更换的新羽叫夏羽;秋季换羽,更换的新羽叫冬羽。多数鸟夏羽和冬羽颜色不同。换羽后,有的鸟羽毛形状和大小也会有改变。

换羽过程是甲状腺活动引起的。换羽时,因上皮增生,羽柄从下脐处整个从羽囊羽毛的新旧交替中脱出,新羽则从同一羽囊深部的新羽乳头处生出。新羽生长过程中由血液供给营养,此时羽毛基部包在羽鞘内,羽枝未散开,羽轴

[①] 资料来源:陈平富."羽毛"早期演化研究的新进展[J].化石,2010(3):2-9.

尚未充分角质化，较柔软脆弱，称为血翩，俗称血管（羽）毛，脱鞘后就成为新的羽毛。若新羽迟迟不脱鞘，或许是因为没有摄食充分的饲料，造成羽毛生长迟缓。

羽毛的类型[①]

大多数鸟类的羽毛着生在体表的一定区域，称为羽区，各羽区之间不着生羽毛的地方称为裸区。按照羽毛的着生部位，羽毛可分为飞羽、尾羽和覆羽三种。

（1）飞羽：翼区后缘着生的一列坚韧强大的羽毛，牢固地"锚定"在骨骼后缘，在振翅时整体飞动，拍击空气。飞羽又有初级飞羽、次级飞羽、三级飞羽之分。

（2）尾羽：尾区着生着左右对称的一列羽毛，一般为10~12枚，在飞行中起平衡和控制方向的作用。

（3）覆羽：鸟的翼、尾羽背腹面成覆瓦状的较短的羽毛，使翅膀表面呈流线型，有利于减少飞行中的阻力。

此外，鸟类的羽毛根据特征，还可分为以下几类。

（1）正羽：覆盖在鸟类体表的主要羽毛，飞羽和尾羽都是特化的正羽。

（2）绒羽：密生在成鸟的正羽下面，羽小枝上不具羽钩或缺失，羽干短小或缺失，羽枝成簇地从羽柄顶部伸出，使整个羽毛蓬松柔软，是体表有效的隔热层。

（3）雏绒羽：雏鸟破壳后体表所覆的绒羽。

（4）纤羽半绒羽：介于绒羽与正羽之间的一种羽毛，具正羽的结构但缺乏羽小钩和凸缘，因此像绒羽一样蓬松。

（5）毛羽或纤羽：散在正羽及绒羽之间，羽干细长，顶端有少许羽枝及羽小枝。毛羽的基本功能是触觉。

（6）粉绒羽：一种特化的绒羽，终生生长而不脱换，端部的羽枝和羽小枝不断破碎为粉状颗粒，有助于清除正羽上的污垢。

羽毛的功能

图1-13 雨后的鹭鸟羽毛

羽毛被覆在体表，质轻而韧，略有弹性，具防水性，有护体、保温、飞翔等功能。大多数鸟类翅膀上的羽毛提供一个轻的、宽阔的冲面，使得它们能够飞翔。其中，飞羽与尾羽对飞翔有很大意义。羽毛还可以保护鸟类的皮肤不受到伤害。羽毛导热性差，并且互相重叠保持温暖的空气，具有保温的作用。天冷或者生病时，鸟类抖松羽毛形成一层较厚的暖气毯。大多数鸟类的羽毛具有天然油性，这层油使得鸟类在潮湿的天气保持干燥，并使得水鸟能够游泳（图1-13）。许多鸟类在尾巴根部生有一种可以分泌额外油的腺体，可以用鸟喙将其涂在羽毛上。

[①] 资料来源：沈立莹. 羽毛在服饰中装饰性应用的美学研究[J]. 大众文艺,2010(02):96-97.

此外，有些鸟类需要通过羽毛的色彩来炫耀自己，而有些则需要依靠羽毛进行隐蔽，这是一对矛盾。这种矛盾在很多鸟类中会同时出现，因此有些鸟类的雄鸟会长出漂亮的羽毛，尤其是在繁殖季节最为明显，有助于吸引配偶；而雌鸟的羽毛没有那么华丽，有助于她们和雏鸟的隐蔽，不容易被天敌发现。

羽毛的颜色[1]

早在数百年前，牛顿就指出，鸟类羽毛的颜色不单来源于色素，还是羽毛结构和光相互作用的神奇结果。羽毛的颜色分为化学性颜色和物理性颜色。把红色的羽毛研磨成粉末，粉末会保持原有的红色。如果从一只小水鸭身上拔下一根绿色的毛，研成的粉末却是黄色的。而蓝色羽毛变成粉末之后呈现的颜色同样不可思议，绚丽的蓝色会瞬间变成单调的棕色。

化学性颜色

也称"色素色"。此类颜色由于细胞色素沉积而形成，如今发现此类色素有黑色素和脂色素。黑色素来源于黑色素细胞，产生黑、灰、褐色。食物中的酪氨酸和核黄素影响黑色素形成。除了黑色素外，决定鸟类羽毛颜色的还有脂色素。脂色素主要包括能呈现红、橙、黄、紫等颜色的胡萝卜素和能呈现红、绿、褐等颜色的卟啉两类。脂色素（含胡萝卜素和卟啉）来源于鸟类摄取的食物在体内转化、合成的，由体液送到羽基乳头处，溶于脂肪内，羽枝角质化时，脂溶剂消失，色素沉积于角质层内，产生红、紫、黄、橙、绿等颜色。羽生长时，这些色素细胞就加入到表皮中了。比如，鸟类红色、黄色和橙色的羽毛便主要是通过摄取胡萝卜素而获得的。

物理性颜色

也称"结构色"。是借羽毛上皮表面的物理结构（色素细胞的上方具有无色的、有凹凸沟纹的蜡质层或夹在色素细胞间的多角无色折光细胞）对光线所起的折射和干涉作用而产生的色彩变幻。结构色也可令鸟类羽毛具有金属光泽以及可随不同视角而变化的辉亮色泽。比如，冠蓝鸦的蓝色就不是由色素显现的，而是由于光在羽毛内部发生干涉而显现的。一旦蓝色羽毛被碾碎，内部结构被破坏，蓝色就消失了，羽毛本身由黑色素显现出的棕褐色便被暴露出来。这种蓝色羽毛具有一种特殊的结构，这种结构在显微镜下看就像一条透明的管道，管道下面还有一层黑色素，这些黑色素和上面充气的管道共同反射着阳光，由此羽毛的表面就呈现出了蓝色。在漫长的鸟类进化史上，羽毛的五彩斑斓往往是在结构色和色素色同时起作用下形成的。比如，虎皮鹦鹉，体内只有黑色素和黄色素，但却同时拥有白、蓝、绿等很多不同的色彩，这便是色素和光学效应共同作用的结果。

---

[1] 资料来源：苏靖，丁绍敏，滕雨红. 羽毛色彩及应用环境下稳定性初探[J]. 轻纺工业与技术,2012,41(04):30-32.

羽毛对于人类的作用[1]

鸟类的羽毛对于人来说也有不小的作用。当然人类所使用的羽毛，必须来自鸡、鸭、鹅等养殖家禽，通过合法的方式获取并且进行科学合理的加工处理。家禽羽毛的具体作用体现在以下几个方面：

（1）用于制品填充料。羽毛可以用作羽绒服、被子、枕头等的填充料，具有轻软、蓬松、富有弹性、御寒、保暖等优点。

（2）用于装饰品和工艺美术品。将羽毛加工染色后，可以制作成各色工艺品，富有观赏价值。

（3）用于制作文体用品。羽毛可以用来制作羽毛球、毽子、渔具等。

（4）用于制作日用品。如鹅的翅膀尖端的飞羽——刀翎，可以用来制作羽毛扇，公鸡的羽毛可以用来制作鸡毛掸子等。

（5）用于医药原料。羽毛梗经高温蒸煮后，加入化学药品，可以制作各种蛋白胨，是抗生素不可缺少的原料。

（6）用作饲料添加剂。羽毛梗经过高温处理干燥粉碎后，制成羽毛粉，作为高蛋白饲料添加剂，极富营养价值，能促进动物的生长。

（7）用作肥料。羽毛梗可以用来制作农业有机肥料，尤其施于柑橘、甘蔗田，肥效颇高。

除此以外，人类也能够从鸟类的羽毛中获取灵感，解决一些工程技术方面的问题。例如，有航空公司从鸟类羽毛中获得启示，找到了改进航空发动机的方法，增加了喷气式飞机发动机的功率。

图1-14 普通翠鸟的美丽羽毛

精美"点翠"首饰背后的残忍[2]

"点翠"是我国古老的首饰制作工艺，所用的材料来自翠鸟的羽毛（图1-14）。由于过于残忍，已经逐渐被其他工艺代替。然而，近日有汉服爱好者发现，有人在仿古首饰群内销售大量翠鸟尸体，涉嫌违法。在复原传统首饰时，多少都会涉及到"点翠"，不少人也会自己尝试模仿，不过大多以仿毛代替。一些专业的文物修复工作者可能会用到真翠鸟的羽毛，另外也不乏有极少数首饰制作人购买翠鸟羽毛，可能这也给了这些鸟贩一定的市场。绝大多数翠鸟是国家"三有保护动物"，其中，蓝耳翠鸟和鹳嘴翡翠是国家二级重点保护野生动物。翠鸟总的数量虽然不算稀少，但近些年来有下降趋势。一方面是因为我国湿地面积减少和被污染，另一方面也与捕鸟有关。

---

[1] 资料来源：国土产畜产进出口总公司. 畜产品生产加工技术 [M]. 北京：农业出版社，1982.
[2] 资料来源：观察者网. 精美"点翠"首饰背后的残忍：翠鸟尸体触目惊心，网上有售.
https://m.guancha.cn/society/2017_09_20_427900.shtml?from=singlemessage.

教学内容

1 引入 5~15 分钟

1.1 教师展示几根不同的羽毛,请学生说出羽毛的作用及其对人类的价值。

1.2 热身游戏:吹羽毛比赛。

游戏规则

教师将学生分成若干组,第一轮为每组提供绒羽若干根,学生需在规定时间内将羽毛吹到终点。第二轮为每组提供覆羽若干根,学生需要在规定时间内将羽毛吹到终点。每一轮最先完成的小组获胜。

1.3 游戏结束后,请学生思考两种羽毛的不同之处。

2 构建 15~20 分钟

2.1 教师通过展示图片和标本的方式,介绍鸟类羽毛的进化演变历史、羽毛的结构等基础知识。

2.2 教师展示同一只鸟身上不同位置的羽毛,介绍羽毛的分类。

2.3 教师展示柔软的绒羽和坚硬的飞羽,在两种羽毛上滴上清水,请学生观察两种羽毛在防水效果方面的差异。

2.4 教师结合羽绒服等案例,介绍鸟类羽毛的保温作用。

2.5 教师准备若干张隐藏着鸟类的环境照片,让学生找出鸟在哪里。引出鸟类的羽毛具有隐蔽的功能,可以预防天敌。

3 实践 20~30 分钟

3.1 教师事先收集各种类型的鸟类羽毛,并且进行消毒和干燥处理。尽可能选择同一鸟种的不同羽毛,如果前期从野外收集多种羽毛较为困难,可以使用鸡、鸭、鹅等家禽的羽毛。

3.2 请学生对教师提供的羽毛进行观察和分类,教师可以为学生提供放大镜等工具,方便同学们观察。教师可以为学生提供一张绘制有鸟类轮廓的海报纸或卡纸,请同学们利用现有的羽毛为图片上的鸟儿"穿上衣服"。在过程中,需要同学们将羽毛按照正确的层次和位置摆放到图片上。

3.3 待学生基本能够正确对羽毛进行分类,并且对各类型羽毛在鸟类身体的着生位置有所认知以后,教师请同学们利用铁丝和棉线等工具,动手制作一只鸟的翅膀。

3.4 教师需先根据鸟类翅膀的骨骼形态,将铁丝制作成"Z"字形骨架,请学生利用棉线将羽毛一层层固定到骨架上,最后形成一只翅膀。在过程中,让学生从对单一的羽毛的认知深入到羽毛组合后的结构和作用的认知。

4 分享
5~10 分钟

4.1 请学生分享自己制作的鸟儿翅膀,并且讨论对于鸟儿羽毛的功能和结构的认识。

4.2 在讨论的过程中,教师可以展示收集到的其他羽毛(图1-15),并且融入一些人类使用羽毛或者从鸟类羽毛中获得灵感的案例,激发起学生的兴趣。

4.3 教师可以启发学生讨论如果没有羽毛,鸟类会面临什么问题。

4.4 教师分享点翠艺术品的案例,向学生介绍美丽的羽毛给鸟类带来的灾难。以此为例,请学生思考利益背后残忍的现实,树立正确的审美观和消费观。

图1-15 观察小白鹭的繁殖羽

5 总结
5~10 分钟

5.1 总结鸟类羽毛的作用和意义,简述人类从鸟类羽毛中获取的灵感。

5.2 简述同里国家湿地公园为鸟类的保护所做的工作,激发学生对自然中鸟类的喜爱之情,进而启发学生对大自然和生命的尊重。

5.3 鼓励学生在生活中主动观察身边的事物。

6 评估

6.1 了解鸟类羽毛的基本结构、类型和功能。

6.2 根据自己的观察分析或推测物种生存的方法。

6.3 认同人与自然应该和谐共处,并愿意为保护做出努力。

7 拓展

广度拓展

请学生思考并查阅相关的资料,了解鸟类羽毛和动物皮毛之间的异同。它们在进化史上是否有关联呢?除了动物以外,植物有没有"羽毛"?

重识同里

七 湿地重生

授课对象
高中生

活动时长
50~80 分钟

授课地点
室内

扩展人群
大学生、成年人

适宜季节
春、夏、秋、冬

授课师生比
1:2:15（~20）

辅助教具
亚克力托盘、沙、水、小叉子、勺子、针筒、模拟道具（小桥、大门、苗圃、路、树等）

知识点
• 同里国家湿地公园的历史变迁
• 湿地与人类的关系

教学目标

1 通过同里国家湿地公园的变迁史，了解不同时代背景下人类与自然的不同关系，认识到人类生活对大自然的影响。
2 认识自然规律，摆正人与自然的关系，追求人与自然的和谐。
3 关注家乡所在区域的自然环境变化，积极参与保护行动。

涉及《指南》中的环境教育目标

环境知识

2.3.7　知道多种多样的有利于可持续发展的生活方式。
2.3.10　理解可持续发展是人类的必然选择。

环境态度

3.3.1　认识自然规律，摆正人与自然的关系，追求人与自然的和谐。
3.3.6　认同可持续利用资源和自然生态平衡是人类生存和发展的前提。

技能方法

4.3.6　归纳环境保护和环境建设中不同参与者的立场和行动，并进行反思。
5.3.7　能够表达自己的环境保护的观点，并以宣传或劝说的方式影响他人做出行为改变。

与《课标》的联系

高中地理

1.2.3　结合实例，说明地域文化在城乡景观上的体现。
3.5.7　举例说明旅游开发过程中的环境保护措施。
3.6.10　运用资料，说明保护传统文化和特色景观应采取的对策。

核心素养

人文积淀、人文情怀、理性思维、勇于探究、勤于反思、社会责任、问题解决

---

*本课程由同里国家湿地公园沈越、沈妍慧设计。

知识准备

太湖流域湿地变迁背景

在史前时期，同里国家湿地公园还是属于太湖底下湖底世界中的一部分，在这里，并没有所谓的陆地和湿地之分，只有一望无际的汪洋。自然界总是变化的，之后随着淤积和冲刷，在新石器时代，太湖流域和内陆沼泽逐渐形成，慢慢有了人类居住。人类的活动加上自然的演替，加快和改变了湖泊向陆地演变的过程和方向，出现了大规模圩田和农业，在宋朝时期基本上行成了现在的江南湿地格局。

公园历史

同里国家湿地公园在1968年之前是一个湖泊，位于同里镇屯村社区东北部，与昆山市周庄镇相接，在澄湖和白蚬湖的中间，北面靠澄湖，南面靠白蚬湖，中间是肖甸湖（图2-1），靠北是一望无际、杂草丛生、钉螺密布的芦苇荡，靠南是白浪涛天的湖泊。根据肖甸湖边池浜村的老人回忆，肖甸湖芦苇荡里的钉螺（血吸虫的中间宿主）多得吓煞人，只是中华人民共和国成立前的旧政府不管，任凭血吸虫病传播。中华人民共和国成立后，人民政府开始重视消灭钉螺和血吸虫病的防治。在毛主席"一定要消灭血吸虫病"的号召下，屯村公社跟全国各地一样，成立了血防领导小组，对钉螺进行查灭。经过各种方法的尝试，1968年，在公社革命委员会主任左宏骓领导下，屯村公社与毗邻的周庄公社一起，决定联合围垦肖甸湖，彻底消灭血吸虫病的根源——钉螺。

图2-1 1968年肖甸湖一角

1968年的12月18日，由管夫达率领的全公社18大队1400名灭螺大军，乘坐200只农用船，浩浩荡荡开往肖甸湖边上的东风大队和三合大队的指定地点，埋锅烧饭，驻扎营寨。12月19日，这1400名大军渡湖去湖东与王亚明率领的周庄公社的1600名大军会师，同时，召开了围湖灭螺的誓师大会（图2-2）。12月20日，南北二条大坝、湖东、湖西同时开工，围垦灭螺的战斗同时打响。2个公社3000大军发扬"愚公移山"的精神，花2个月时间，在肖甸湖南北湖口各筑长4千米、宽5米、高4.5米的2条大坝，隔绝澄湖和白蚬湖的水流。经过一个冬春的奋战，长4千米、宽5米、高4.5米的2条大坝和各港口的小坝全部筑断。筑断后就调集一切可以调集的抽水机、船日夜抽水，边抽水边加固大小坝基。

图2-2 肖甸湖灭螺誓师大会

在确保坝基稳固后，吴江县血吸虫病防治（简称血防）站杨仲和屯村公社血防人员一起，科学组织灭螺行动，采取围垦药浸，开鱼池，挑土覆盖，造田等综合措施基本上消灭了钉螺。

为了巩固灭螺成果，在肖甸湖上成立了肖甸湖村。刚开始，村民在上面进行粮食种植，大力发展经济作物，种植棉花、甘蔗、老姜等，长势都不理想，后来才逐步找到原因，因为芦苇荡是草渣土，保水性差，不适宜种浅根作物。后来在县多种经营管理局物资、资金、技术等多方面的支持下，发展了两个比较突出的经营模式：一是种桑养蚕，二是培养树苗。

种桑养蚕：1970年，从县苗圃引进桑苗进行种植，当年秋饲养秋蚕，获得成功。养蚕开始时，碰到二个难题，一是缺技术，二是缺蚕室。对于技术问题，从湖滨公社聘请陆彩英作为公社蚕桑技术员，蹲点五七大队进行指导。该同志在养蚕期间，经常吃住在一线，同蚕农一起，工作认真。在他的指导下，技术难题很快得到解决。关于蚕室问题，五七大队是个新建单位，社员自己都还没有住房，哪里来的蚕室。因此，在室外挖土坑、搭尼龙棚，对小蚕进行共育，到了大蚕期（3~4龄后），将蚕放到树林下面进行饲养。由于室外温度适合蚕的发育，只要阳光不直接照射在蚕身上，遇上大雨也没问题。

培养树苗：苗圃开始时主要培育湖桑苗，兼育楝树苗，后又引进白榆、刺槐、梧桐和泡桐种子，后来又扦插水杉、池杉、香樟，还种植毛竹、早园竹和香樟、池杉和水杉，成林面积达400亩（1亩＝1/15公顷）之多。随着形势的发展，又种植了银杏、桃子、枇杷、翠冠梨等经济树林，真是一派"春风杨柳万千条，六亿神州尽舜尧"的景象。经过多年努力，才得以形成当年的肖甸湖森林公园。

同里国家湿地公园建设历史进程

2005年，澄湖、白蚬湖、季家荡被收入《江苏省湖泊保护名录》。2009年，澄湖和白蚬湖被纳入江苏省环境保护厅公布的《江苏省重要生态功能保护区区域规划》重要湿地限制开发区。

随着城市化水平的不断提高，同里所处区域人口密集，养殖灌溉导致水体富营养化较为严重，各种生物原有的栖息场所受到威胁，优良的生态环境遭到一定程度的破坏。基于对上述现象的改善、生态功能区的保护以及同里古镇可持续发展的长远目标，苏州市委、市政府高度重视，启动同里省级湿地公园建设工作，并于2009年，获得省林业局批准。

为了最大限度保护同里地区的湿地资源，保护同里优质的生态空间和丰富多样的本土动植物资源，积极贯彻、执行《苏州市湿地保护条例》，苏州市决定建立江苏吴江同里国家湿地公园，2013年，经国家林业局公示，正式成为江苏吴江同里国家湿地公园（试点）。

经过几年的持续大量投入，同里国家湿地公园主体已基本建成，湿地生态功能得到很大的改善，2018年湿地公园申请试点建设验收。

教学内容

1 引入　5~10 分钟

1.1 教师开场介绍并将学生分成2个小组。

1.2 热身游戏：头脑风暴"同里湿地有什么？"

> 游戏规则

　　教师为每个小组分别提供一张白纸和一支笔，放置在距离组员5米的桌子上。组员在起点排队，以接力的方式轮流上前写下同里湿地里的事物，每人每次写一个，但组内的答案不能相同，限时3分钟。

1.3 教师带领学生对结果进行统计，分享同里国家湿地公园的事物。

2 构建　10~15 分钟

2.1 通过游戏，引出同里湿地中现在存在但以往没有的事物，如建筑、设施、道路等。

2.2 教师讲述同里国家湿地公园周边的村民与湿地的关系，重点介绍村民如何与湿地相处。

2.3 简单描述同里国家湿地公园的历史发展，引导同学们思考同里湿地的历史变迁以及湿地给人们的生活带来的影响。

3 实践　20~30 分钟

3.1 情景体验活动"湿地重生"：每位学生在活动中扮演一名20世纪60年代生活在肖甸湖附近的村民，教师将引导学生体验同里湿地的历史变迁。

3.2 教师将学生分成若干个小组，4~5人一组。每组选出一名学生作为记录员，负责在活动过程中记录每一个时期发生的事件，并且绘制湿地的总体平面图。

3.3 教师为每个小组提供活动道具，包括：肖甸湖沙盘模型、勺子、叉子、水、石子、树苗模型、建筑模型等。

> 活动规则

（1）请各组学生领取"湿地原型"——肖甸湖沙盘模型及活动道具。

（2）教师介绍每一个时代的背景，以及发生在肖甸湖的事件。同学们通过教师口述的事件思考实施措施，并且将场景利用提供的工具和材料模拟出来，从而推进故事发展。

（3）记录员对湿地的变化进行记录，用于分享展示。

3.4 教师宣布活动开始，请学生们进入角色状态，成为肖甸湖周边的一名村民。随后，教师开始描述情景。

情景一

这里原本是一片广阔的湖泊,逐渐出现人类的活动。人类最原始的生存方式就是捕鱼捉虾,自给自足,这里的生活简单而和谐……

教师带领学生们在沙盘模型上挖出湖泊,种植芦苇,加入湖水。这个环节由主讲教师和助教协助学生完成,以便帮助学生了解活动的规则和操作方法。

情景二

1960年代,肖甸湖爆发了血吸虫疫情,而湖中的钉螺是血吸虫的主要中间宿主。临水而居、捕鱼捉虾的生活不复存在。为了消灭水中的疫情,请各位村民思考如何存活下去。

学生利用沙盘思考如何解决这个问题。在现实中,人们采取的方法是围垦。学生可以根据自己的理解思考其他的解决途径。

情景三

到了1970年代,疫情终于被消灭了,村民们开始了新生活。此时,全国经济林慢慢普及,聪明的村民们,你们知道要做什么了吗?

学生在沙盘上规划经济林种植苗圃,需要选择合适的树种,划分合理的区域进行种植。

情景四

20世纪90年代,经济林的竞争压力太大,许多村民放弃了对自家苗圃的维护。1998年,在当地政府的支持下,这里建设起了肖甸湖森林公园。为了提高收入,请各位村民思考并提出方案。

学生在沙盘上对森林公园进行规划,增加观光游览项目,如餐饮场所、动物园、烧烤营地等。

情景五

随着时间推移,转眼到了2013年,当地政府经过调研发现,森林公园地理位置优越,生物多样性丰富,经过商讨,将肖甸湖森林公园正式命名为同里国家湿地公园,希望村民能配合公园的生态修复和建设工作。

学生在沙盘上进行湿地公园的规划设计。

4 分享 10~15 分钟

4.1 邀请各小组展示自己的公园设计作品。

4.2 描述在历史变迁的过程中经历的重大事件，分享印象最深的环节以及做出决策的原因。教师可以提问：有哪些令你感到惊讶的环节？现在你对公园的印象是什么？和之前的印象比有变化吗？

4.3 教师分享同里国家湿地公园现实中的变迁历史，请同学们和自己的作品进行对比。

4.4 请同学们思考在湿地变迁的过程中，是湿地影响人类多还是人类影响湿地更多，引出人与自然的关系。

5 总结 5~10 分钟

5.1 总结湿地存在的意义，强调人与自然的密切性。

5.2 理解人类活动影响自然环境。

6 评估

6.1 认识同里湿地存在的意义。

6.2 了解同里湿地的历史变迁。

6.3 提升学生对湿地环境的重视。

6.4 认同人与自然从冲突走向和谐相处的发展趋势。

7 拓展

广度拓展

鼓励同学们回到自己的家乡，探索家乡的历史演变中发生了什么与自然互动的故事，探讨当前的现状以及反思现状对自然的影响。

重识同里
八 四季物候

授课对象	亲子家庭
活动时长	60~90 分钟
授课地点	室内外结合，部分实践活动需要在户外湿地环境开展
扩展人群	小学生、初中生
适宜季节	春、夏、秋、冬
授课师生比	1:1:15（~20）
辅助教具	小镰刀、篮子、脸盆、淘米箩、锅具、铁指甲等
知识点	• 湿地为人类带来的时令美食 • 苏州地区传统饮食文化：不时不食

教学目标

1 了解人与自然界有密切联系，很多植物都可为我们的生活所用。

2 根据四季物候选择应季食物，了解传统文化中"不时不食"的理念，为餐桌带来不同期待，既健康美味，又有益于环境。

3 亲身体验同里本土时令美食制作，体会食物的来之不易，培养珍惜食物的观念和行动。

涉及《指南》中的环境教育目标

环境意识

1.1.1 欣赏自然的美。

1.1.2 运用各种感官感知环境和身边的动植物。

技能方法

4.1.1 学会思考、倾听、讨论。

与《课标》的联系

小学科学

1.7.3 地球上存在不同的植物，不同的植物具有许多不同的特征，同一种植物也存在个体差异。

1.7.3.1 说出周围常见植物的名称及其特征。

1.7.3.2 说出植物的某些共同特征；列举当地的植物资源，尤其是与人类生活密切相关的植物。

核心素养

人文积淀、人文情怀、理性思维、乐学善学、社会责任、问题解决

---

* 本课程由同里国家湿地公园朱丽仙设计。

知识准备（以《四季物候·鸡头米》为例）①

"不时不食"的饮食文化

"不时不食"一词出自孔子《论语·乡党》，是指不食用不符合时令的食物，饮食的选择应当符合季节。如今，随着科学技术的发展，人们可以在餐桌上吃到各色反季节的蔬菜瓜果，顺天时而食的理念也渐渐被淡化。然而，在苏州地区，"不时不食"依然是人们经常提及并且践行的饮食理念，也是苏帮菜经久传承的重要原则。

同时，水网密布、湖荡众多的地理特征，也决定了苏州人的餐桌和湿地有着密不可分的联系。湿地的物候变化和"不时不食"的理念相碰撞，在苏州产生了独特的水乡饮食文化。从西晋人张翰的"莼鲈之思"到现如今大名鼎鼎的水八仙，都是湿地带给苏州人的馈赠，也是苏州人依水而生所总结出的与湿地和谐共存的生活方式的写照。

江南水八仙

水八仙是苏南浙北地区的传统食物，又称水八鲜，包括芡、菱、茭、水芹、莲、荸荠、莼菜、慈菇（茨菰）八种水生植物的可食部分，大多在秋天上市（图2-3）。

图2-3 江南水八仙的相关植物

芡实

芡实是睡莲科芡属一年生大型水生草本植物芡（*Euryale ferox*）的果仁，俗称鸡头米。在我国南北各地均有分布，生长于池塘、湖沼中。芡实含淀粉，

---
① 《四季物候》为同里本土自然饮食文化主题的系列课程，由《四季物候·鸡头米》《四季物候·春笋春味》《四季物候·野菜小话》等一系列课程模块组成，本书选取《四季物候·鸡头米》为例。

供食用、酿酒及制副食品用；供药用，有补脾益肾、涩精的功效。全草为猪饲料，又可作绿肥。苏州的南芡圆整粒大，质地黏糯，香气浓郁，美味可口，是名贵食品之一。

菱角

菱角是菱科菱属一年生水生草本菱（*Trapa bispinosa*）的果实。苏州最有名的当属水红菱，壳软薄而水分多，肉质细嫩，味道甘美，宜于生吃，主要产于苏州东郊，常常与藕间作。老菱带壳煮熟，性糯、清香、微甜，号称"水栗"。老菱可制淀粉，菱粉细洁爽滑，为淀粉中佳品，最宜于制雪糕、冰淇淋和细糕点。

茭白

茭白是禾本科菰属植物菰（*Zizania latifolia*）的秆基嫩茎被某种真菌寄生以后形成的粗大肥嫩的结构，又称茭瓜。其颖果称菰米，作饭食用，有营养保健价值。全草为优良的饲料，为鱼类提供越冬场所，也是固堤造陆的先锋植物。古代菰生长正常，秋季结实，称雕胡米，为六谷之一，后因黑穗菌寄生成畸形，不能开花结实，被称作蔬菜利用。

水芹

水芹（*Oenanthe javanica*）为伞形科水芹属多年生草本植物，我国各地均有分布，多生于浅水低洼地方或池沼、水沟旁，农舍附近常见栽培。其茎叶可作蔬菜食用，清香脆嫩，生拌、炒食皆可，常在冬、春蔬菜淡季采收上市。全草在民间也作药用，有降低血压的功效。

莲藕

莲藕为睡莲科莲属多年生草本水生植物莲（*Nelumbo nucifera*）的根状茎，质地肥厚，节间膨大，内有多数纵行通气孔道，可作蔬菜或用来提制淀粉（藕粉）。苏州塘藕为江苏"三宝"之一，与南京板鸭、镇江香醋齐名，早在唐代便是进贡佳品。

荸荠

荸荠（*Eleocharis dulcis*）是莎草科荸荠属植物，全国各地均有栽培。作为食物的部分是它的球茎，富含淀粉，可生食、熟食或供提取淀粉，味道甘甜；也可供药用，开胃解毒、消宿食、健肠胃。

莼菜

莼菜（*Brasenia schreberi*）为睡莲科莼属多年生水生草本，生于池塘、沼泽或河湖。本种富含胶质，每年清明至霜降间可采摘其嫩叶供食用，与鲈鱼齐名，用以调羹，香脆滑嫩、味沁齿颊。人们把太湖莼菜比喻为思乡之物。据《晋书》记载，吴人张翰，才学出众，至洛阳，齐王司马同闻其名，授官大司马。秋风乍起，他思念故乡吴中的莼菜、莼羹、鲈鱼，叹曰："人生贵适志，何能驾官数千里，以要名爵乎？"于是弃官归吴，这便是"莼鲈之思"典故的由来。在古代都是采摘野生莼菜食用，从明末清初开始人工培植。莼菜有补血、健胃、止泻之功效，可煮、可炒，特别是与鱼或肉一起做汤，鲜嫩可口，色、香、味俱佳，被誉为江南名菜。

慈姑

慈姑（*Sagittaria trifolia*）是泽泻科慈姑属多年生水生或沼生植物，长江以南地区广泛栽培，球茎可以作蔬菜食用。苏州的慈姑以"苏州黄"最为出名，个大、质糯，淀粉、蛋白质含量高。

教学内容

1 引入 10~15 分钟

1.1 根据同学们实际人数合理分组，每组准备相关美食，比如，慈姑片、藕粉、麦芽塌饼、青团、袜底酥（咸味）……

1.2 请参与者品尝美食，教师提供相关食材的图片，学生根据图片，完成连线小游戏。第一轮，找出食物和食材的对应关系；第二轮增加难度，找出食材在大自然中的植株形态，比如，芡实糕—芡实—芡植株，慈姑片—慈姑—慈姑植株。

2 构建 15~20 分钟

2.1 教师展示日常生活中常见可食用野外植物的图片，请学生们猜猜分别是什么植物。简单介绍图片展示的植物分别是什么，有什么作用。

2.2 介绍苏州当地常见的可食用野生植物，体现生物多样性与时令性，重点提醒同学们在没有专业人士指导下，千万不要随意品尝野外植物。

2.3 引出孔子的"不时不食"理论，展现古人在有限的物质条件下，从自然中获取食物并且遵从自然规律的智慧，随后介绍苏州地区春、夏、秋、冬对应的时令美食。

2.4 展示带刺的芡的果实剪影，请同学们猜想这是何种植物，然后公布答案。

2.5 介绍芡的植株形态、生活环境、历史渊源等知识。可以结合"勾芡"的来源，介绍古人用芡实粉使菜品的汤汁更加浓稠。

2.6 教师展示三张卡通人物的图片，分别为新石器时代的人、明清时代的人、现代的人，请同学们猜一猜谁是最早吃到芡实的人。随后揭晓答案：早在新石器时代，人们就已经开始食用芡实了。最后，教师补充介绍苏州芡实的发展历史。

2.7 利用图片或者视频展示现代人种植、收获芡实的过程，重点展示鸡头米在走上餐桌之前农民伯伯们所付出的艰辛劳动，体现"粒粒皆辛苦"。

3.1 教师邀请同学们参加趣味体验：手剥鸡头米大挑战（图2-4）。将学生分成若干小组（亲子活动时可以以家庭为单位），教师分发完整的芡实和铁指甲，再为每组提供一份芡实重量记录表。

3.2 在开始剥鸡头米之前，教师用电子秤称出每一个芡实的重量并且在记录表上记录。

3.3 教师需要说明剥芡实的操作步骤，尤其是剥出完整鸡头米的操作技巧和注意事项，并且要求同学们将所有的鸡头米都剥完，不能浪费。

3.4 全部鸡头米剥完后，教师将剥出的成品进行称重并记录，让同学们直观地感受到鸡头米的来之不易，不仅仅是过程艰辛，还有产出率低。

3.5 最后将剥出的鸡头米煮成糖水，一起品尝，分享劳动成果（图2-5）。

图2-4 手剥鸡头米大挑战

图2-5 品尝鸡头米银耳羹

4.1 请学生分享各小组称重后计算的成品率，讲述熟练工人剥鸡头米的效率是10∶1，即10斤（1斤=500克）芡实能剥出1斤鸡头米，引导学生体会"粒粒皆辛苦"。

4.2 鼓励同学们品尝的同时进行分享，讲述芡实的独特口感。教师可以补充介绍芡实的营养价值，并且提出希望同学们能够合理安排饮食，养成健康的生活方式。

4.3 回顾并分享芡实种植、剥制、登上餐桌的全过程，让同学们理解粮食的珍贵。

5 总结
5~10 分钟

5.1 总结人与自然之间的关系，特别是湿地为人类提供的服务功能。

5.2 理解芡实种植、获取、制作的不易，懂得品味并珍惜购买的时令食品。

5.3 提供芡实采购机会，为支持本土产业作贡献。

5.4 在课程最后播放水雉、黑水鸡等视频，提出芡实塘其实是这些水鸟们的家园，从而引出其他主题课程，也可以介绍四季物候的其他课程。

6 评估

6.1 能在实践中较好地完成任务，掌握所学的植物芡的外形特征和对人类的意义。

6.2 通过对芡实种植培育的历史的解读，提高对湿地及植物的兴趣。

6.3 知道保护湿地、保护环境的重要性，并愿意去宣传相关的信息。

7 拓展

深度拓展

邀请同学们参观同理国家湿地公园的水八仙种植区，在种植或者收获季节可以前来体验相关的实践活动，如芡实种植，菱角的采收，荸荠的采收等。

广度拓展

请同学们课后收集其他地区湿地馈赠给人类的美食的相关资料，了解不同地区饮食和植物之间的关系及食用方式，组织主题班会活动进行分享。

重识同里
九 肖甸湖的渔与耕

授课对象	**教学目标**
初中生	1 了解水乡的传统生活方式。 2 了解水乡特色农具、渔具及其使用方法。 3 理解人与自然和谐相处的意义。
活动时长	
90~120 分钟	
授课地点	**涉及《指南》中的环境教育目标**
室内外结合，部分实践活动需要在户外湿地环境开展	**环境知识** 2.2.7 了解不同地区或国家各民族在衣食住行方面的不同生活方式，并分析这些不同生活方式与环境之间的相互关系与相互作用。 **环境态度** 3.2.4 尊重本土知识和文化多样性。 **环境行动** 5.2.2 能践行可持续生活方式。
扩展人群	
小学生、高中生	
适宜季节	
春、夏、秋、冬	
授课师生比	**与《课标》的联系**
1:1:10（~20）	**初中地理** 3.3.1 运用资料说出我国农业分布特点，举例说明因地制宜发展农业的必要性和科学技术在发展农业中的重要性。 3.3.2 举例说明自然环境对我国具有地方特色的服饰、饮食、民居等的影响。
辅助教具	
常见的农具、渔具图片和实物	
知识点	**核心素养**
• 同里传统的耕作工具和生产方式 • 同里水乡的传统生活方式	人文积淀、人文情怀、理性思维、乐学善学、健全人格、社会责任、劳动意识

---
* 本课程由同里国家湿地公园朱鹤妹、沈娅婷设计。

知识准备

农具的历史[①]

农具是支撑中华农业文明的重要物质条件之一。江南地区在历史上很长一段时间处于全国经济和文化最发达的地区，是最早广泛使用金属农具的地区，并且是我国著名的稻区。稻作农具是江南人民生产生活的重要工具，用途广泛，渗透和影响到江南社会与百姓生活的方方面面，构成一系列相关的民俗文化。但是，随着机器大工业生产的发展，传统农具逐渐被现代机械取代。在当今农村，农家传统的农具越来越少，常被丢弃在某个角落，而在许多以农村为主体的旅游景点，传统农具则被放进展览馆，被当成一种特殊的旅游资源发挥其作用，传统农具的作用在慢慢发生转型。

铁质农具

由于青铜较贵重，铁的获得较容易，随着战国中晚期之际冶铁业的发展，铁质农具逐步取代了青铜农具，青铜农具的生产也随之衰落。铁质农具在农业生产领域的使用和推广，是农业生产的一次革命，具有强烈的现实意义和深远的历史意义。对人类社会发展影响最大的农具应该就是铁质农具，真正意义上开始使用铁质农具的时间为公元前4世纪中叶之后的战国中晚期。汉时铁质农具的使用已经非常普遍，人们也意识到铁质农具的重要性，如《盐铁论·水旱篇》说："农，天下之大业也；铁器，民之大用也。器用便利，则用力少而得作多，农夫乐事劝劝。"《盐铁论·禁耕篇》又说："铁器者，农夫之死士也。"整地农具主要有犁、耙、铁搭、锄、耖等种类，根据耕作方式的不同，每种农具发挥的作用也不同。

同里当地常见农具

同里当地的农耕活动类型主要是水稻种植、蔬果种植、家禽养殖等，传统的渔业活动随着时代的变迁规模较为有限，只保留了一部分鱼塘、虾塘等。因此，当地常见的农耕工具种类比较多，渔具相对较少。

镰
即镰刀，是最主要的收割工具，也是最古老的工具之一，早在旧石器时代已经存在。镰的形制基本没什么变化。一柄一头，柄与头垂直安装，便于收割。

[①] 资料来源：庄桂平. 江南地区稻作农具文化遗产及其保护利用研究[D]. 南京：南京农业大学，2012。

堂耙（苏州方言）
堂耙是农业生产中传统的翻地农具，可用于平整土地或聚拢、散开柴草、谷物等。

担绳
用于捆绑水稻、麦子、毛豆等农作物，便于运输。

大船洗（苏州方言）
可筛稻谷、毛豆枝条碎屑等。

螺蛳拖网（苏州方言：唐网）
螺蛳拖网，苏州方言叫唐网，是本地居民用来捕捞河中螺蛳的一种工具。唐网是用一个长竹竿，在端头用木片或竹片固定一张网，用时把此工具在河里像铲子一样在水底铲，螺蛳与水底淤泥都被拱到网里，再抖下竹竿，把淤泥从网中渗出，网里余下的就是螺蛳了。

鳝笼
俗称毫子，是一种捕捉黄鳝的渔具。用竹篾制成，现代也有用塑料等制成。除黄鳝外，泥鳅、刀鳅、蛇等也能捕捉到。笼口有倒齿（俗称毫须），使黄鳝进入后无法游出。常在稻秧播种时节放在稻田中，笼内放入曲蟮（蚯蚓），诱捕黄鳝。也可常放入沟中或河内草丛里，称"张鳝笼"。

扳罾

亦作"扳丝网"。在江浙一带,当地渔民把纱网或棉纱布绑在"十"字形竹棍或木棍上制成扳罾。网片成正四方形,四角用竹竿撑起,中间坠上砖块等重物,敷设在湖中,约十几分钟将竹竿拉起来一次,罾出水时,水声喧哗,仿佛一股忽然跌落的瀑布。

教学内容

1 引入 10~15 分钟

1.1 教师开场介绍并将学生分成若干小组。

1.2 热身游戏:水桶挑战赛或搓稻绳挑战赛

> 游戏规则

水桶挑战赛

在授课场地内设置出发点及终点,每组学生以接力赛的形式沿路线等距站立。队员用水桶、担绳及扁担将水从出发点运到终点,用时最短且水桶中水量最多的队伍获得胜利。游戏结束后,教师向学生介绍活动中所使用到的农具,将其和现代农业中的农具做对比,体现出当年劳作的艰难不易。

搓稻绳挑战赛

教师为各组学生分发稻草,请当地村民向学生演示如何搓制稻绳。演示之后,由组员在规定时间内搓制稻绳,完成后由当地村民从搓稻绳的手法、稻绳的长度、紧实程度等方面进行评分。

2 构建 15~20 分钟

2.1 教师介绍同里当地常见的农具和渔具,并且演示其使用方法。具体展示方法可以利用互动小游戏,比如,农具图片和名称配对的活动。

2.2 教师事先准备一块贴有各种不同农具图片的白板,同时给学生分发一套农具名称卡片,请学生将农具名称的卡片贴到对应农具的图片上。

2.3 教师验证学生的配对是否准确,同时出示相应农具的图片和实物,介绍使用方法。

2.4 小游戏:情景挑战。教师为每组学生提供一张情景卡片,卡片上记录了同里当地常见的农耕活动。请学生根据情景卡片的要求,列出该农耕活动需要经历的步骤,并且从现场的农具照片或实物中选择合适的农具。

情景一：种植玉米

五六月份是播种玉米的季节，刚巧你家屋后有一片空地，为了能在夏天吃到甜甜的玉米，你决定自己动手，在这片空地上种植玉米。从玉米的播种到收获，需要经历哪些步骤，用到哪些农具呢？请把它们选出来吧！

情景二：收割水稻

金秋十月，农田里金黄的稻穗随着秋风舞动摇曳，又到了一年中最忙碌也最充实的收获季节。你需要尽快将水稻收割并且存储起来，在这个过程中，需要经历哪些步骤，用到哪些农具呢？请把它们选出来吧！

2.5 教师揭晓每一个情景中需要经历的步骤和所需的农具。可以将传统农业的生产方式和现代农业的生产方式进行比较，让学生直观地认识到科技对于农业生产效率和质量的提升。

2.6 教师也可以展示其他地区的农具，让学生了解到不同地区的环境不同，衍生出的生产工具和生产方式也各不相同，都凝结了当地劳动人民的智慧。

3 实践 50~60 分钟

3.1 请肖甸湖的村民介绍当季适合的农事生产活动，演示相应的农耕工具，并且带领学生下地进行实地体验。可以实践的活动有种植果蔬、收获粮食、田间管理等。具体的实践项目需要根据授课当天的情况灵活安排。

3.2 请肖甸湖的村民介绍当地特色的渔具扳罾（扳丝网）的使用方法，学生在村民的指导下在指定区域中利用扳罾捕鱼（图2-6）。该活动的目标是为了体验传统的渔猎方式。为了减少对环境的影响，所捕的鱼虾需放生。

3.3 在实践的过程中，教师可以邀请当地村民进行示范，并且讲述工具的使用方法和原理，以及农耕活动的季节性规律。这个部分需要根据活动开展的实际情况进行灵活调整，尽可能挖掘出传统农业中蕴含的智慧，并且传达劳动最光荣的朴实道理。例如：在捕黄鳝的时节可以为学生演示鳝笼的用法，并解释原理；为学生介绍如何使用家畜的粪便来进行堆肥，实现变废为宝；教学生一些朴实的顺口溜，如"地是活宝，越种越好""瘦土出黄金，只怕不用心"，等等。

4 分享 10~15 分钟

4.1 请学生分享体验农耕及捕鱼之后的感受，思考传统农具和渔具体现了哪些劳动人民的智慧以及和大自然的关系。

4.2 通过提问的方式，请学生比较现代农具和传统农具的差异及优缺点。请学生讨论，现代农业和传统农业各有何利弊，从传统农业中可以得到哪些启发。

图2-6 体验扳罾捕鱼

5 总结
5~10 分钟

5.1 回顾课程的实践内容,通过提问的方式请学生回忆在课程中认识了哪些特殊农具及渔具,学到了哪些农事生产的技能。

5.2 透过农具和渔具,总结传统的水乡生活方式及其蕴含的理念和智慧。

5.3 思考现代农业和传统农业之间的区别和联系。

6 评估

6.1 能在实践中很好地完成任务,认识常见的农具和渔具,并且学会其使用方法。

6.2 能了解常见的农业生产步骤,意识到粮食来之不易,树立珍惜粮食的观念。

6.3 感受水乡劳动人民的生存智慧,感恩大自然对人类的馈赠。

7 拓展

深度拓展

邀请同学们参加后续的《四季物候》系列课程,在不同季节来到同里国家湿地公园参观并体验农事生产活动,了解更多来自湿地的馈赠。

守护自然
水上旅馆

授课对象
高中生

活动时长
60~90 分钟

授课地点
室内外结合，实践活动需要在户外湿地环境开展

扩展人群
大学生、成年人

适宜季节
秋、冬

授课师生比
1:1:15（~30）

辅助教具
PPT 课件、纸、笔、芦竹、麻绳

知识点
• 生态浮岛的功能 • 生物净化的原理 • 生态工程的意义

教学目标

1 了解生态浮岛的概念、种类、作用等。
2 了解生物净化的原理。
3 理解生态工程的重要意义。

涉及《指南》中的环境教育目标

环境知识
2.3.5 阐明生命环境是由彼此相互联系的动态系统组成；举例说明生态系统的演变是不可逆的，理解防治生态破坏和环境污染的重要性。

环境态度
3.3.5 在反思个人行为和人类活动对环境的影响的基础上，从本地着手，关注全球环境，并积极落实在行动上。

环境行动
5.3.5 实施环境行动方案，评价并提出改进建议。

与《课标》的联系

高中生物
2.2.4.4 举例说明根据生态学原理，采用系统工程的方法和技术，达到资源多层次和循环利用的目的，使特定区域中的人和自然环境均受益。
2.2.4.5 形成"环境保护需要从我做起"的意识。

核心素养

理性思维、勇于探究、社会责任、问题解决、技术运用

* 本课程由同里国家湿地公园金雨婷设计。

知识准备

生态浮岛的起源

人工生态浮岛是一种经过人工设计建造、漂浮于水面上，供动植物和微生物生长、繁衍、栖息的生物生态设施（图3-1）。这项技术诞生于20世纪80年代，最初由德国一家公司提出利用人工浮岛保护水边生态环境的设想，后来日本将其作为鱼类繁殖用的产卵床，收到了良好的效果。

生态浮岛的水质净化原理[①]

生态浮岛技术是按照自然界的规律，将原来在陆地种植的挺水植物，利用载体栽培在自然水域的水面，不需要泥土的营养，利用植物根系在水中吸收、吸附富营养盐物质以及微生物对富营养盐物质的降解等作用，去除水体中污染物质，同时植物根系可为水体中的鱼虾、昆虫和微生物提供生存和附着的条件，并且释放出抑制藻类生长的化合物。在植物、动物、昆虫以及微生物的共同作用下使环境水质得以净化，达到修复和重建水体生态系统的目的。

生态浮岛的生态功能[②]

（1）提供生境：新型生态浮岛能支持许多植物的生长，从而可为鱼类、鸟类和两栖类等生物提供生境和避难所，在一定程度上恢复了湖泊生态系统的生物多样性。

（2）净化水质：浮岛植物具有较大的密度和生物量，能吸收贮存大量营养物质；并且浮岛植物根系为微生物生长提供了微环境，增加了系统对水质的净化作用；新型生态浮岛能通过植物根系的吸附和消浪作用促进悬浮物沉降，能通过遮阴效应、竞争营养并降低水温来抑制浮游植物的生长。

（3）消浪护岸：新型生态浮岛能通过消浪作用稳定湖滨带，形成有利于水生植物恢复的相对的静水环境。

（4）改善景观：浮岛上不同类型植物的生长能形成美丽的景观，使其迥异于恢复前单调的人工堤岸。

图3-1 同里国家湿地公园保育区里的生态浮岛——芦苇浮床

---
① 资料来源：李焕利,张劲,张磊,等.人工浮床技术概述[J].城市建设理论研究（电子版）,2014,(31):2895-2896.
② 资料来源：马强.新型生态浮岛设计、应用效果及微生物机理研究[D].济南：山东大学,2011.

教学内容

1 引入 5~10 分钟

1.1 教师进行开场介绍，询问学生是否见过或者住过水上旅馆，邀请学生回答。随后出示一些同里的水上旅馆的图片，例如，各种类型的生态种植岛、芦苇浮床等，激发学生的好奇心。

1.2 教师提问：这里住着谁呢？教师可以展示一些照片，包括人、动物、植物等，请大家选出其中的住户。

1.3 播放事先收集的视频，揭晓答案。

2 构建 15~20 分钟

2.1 教师请同学们讨论：为什么我们要建设水上旅馆？

2.2 总结同学们的讨论，此处可以简要介绍生态浮岛的概念、种类以及常用的材料，包括浮岛底部的载体和浮岛上种植的植物品种等。这些内容具有一定的专业性，建议点到即可，不必深入展开。随后根据同学们的讨论介绍生态浮岛的基本功能是提供生境、净化水质、消浪护岸等。

2.3 教师介绍，在同里国家湿地公园里也有生态浮岛，这里的生态浮岛的客户会有谁呢？随后，通过简单的情景演绎为学生展现雁鸭类水鸟在冬季缺少栖息地的时候会面临的问题，激发学生的兴趣。

2.4 教师介绍在同里国家湿地公园里，生态浮岛的主要功能是增加雁鸭类栖息地，以及需要生态浮岛的具体季节是冬季，提出芦苇浮床是一种比较适合同里国家湿地公园的生态浮岛。

2.5 教师邀请学生一起去户外为我们的水鸟建造一座"水上旅馆"。

3 实践 30~40 分钟

3.1 教师带学生前往保育区外围，介绍保育区的设计理念和生态修复的成果。

3.2 教师带领学生制作芦苇浮床。芦苇浮床的材料一般会选择相对较为坚硬的芦竹，因为采集芦竹比较耗时耗力，教师可事先将其准备好。

3.3 教师需要提前找到适合放置芦苇浮床的地点，请同学们将制作完成的芦苇浮床投放到相应位置。如果适合的位置在湖中心，学生没有条件到达，可以先投放在岸边，随后请船工将其拖到湖中。

4 分享 5~10 分钟

4.1 请学生分享制作芦苇浮床的心得体会。

4.2 引导学生讨论鸟类保护、环境保护的措施以及生态工程建设的意义。

4.3 教师应补充介绍，不同地区的生态浮岛因实际需求的差异，在选择材料、结构等方面也会有不同选择，可以分享一些经典的生态浮岛案例。

5 总结
5~10 分钟

5.1 总结生态浮岛的作用，除了对于水鸟的意义以外，亦可以拓展到水下的根系部分，对于一些鱼类和蜉蝣生物也是可以提供庇护场所的。

5.2 总结生态工程建设的意义，可以适当的从生态浮岛向外延伸到其他类型的生态工程。

6 评估

6.1 能说出生态浮岛的作用。

6.2 知道生态浮岛的结构与常见材料。

6.3 认同生态工程建设的重要意义，并且愿意参与到简单的实践中。

7 拓展

> 深度拓展

请同学们定期前来观察自己制作的芦苇浮床（图3-2），记录这座"水上旅馆"中入住的旅客。也可以以居住区周边的生态浮岛为观察对象，观察在上面发生的自然事件。

图3-2 制作芦苇浮床

守护自然

十一 迷你宝藏：绶草

授课对象
初中生

活动时长
60~90 分钟

授课地点
室内外结合，部分实践活动需要在户外湿地环境开展

扩展人群
小学生、亲子家庭

适宜季节
春夏之交（5~6月）

授课师生比
1:1:15（~30）

辅助教具
兰花模型、彩笔、纸、濒危等级色卡、动物图片

知识点
- 珍稀保护植物的概念及常见物种
- 兰花的物种多样性和生存智慧
- 绶草及其保护

教学目标

1 了解珍稀保护植物的概念，认识常见的物种。
2 认识珍稀保护植物中的旗舰物种兰花的物种多样性和独特的生存智慧。
3 了解我们身边的兰花：绶草及其保护。

涉及《指南》中的环境教育目标

环境意识

1.2.2 能从观察与体验切入自然，以文学艺术创作，音乐、戏剧表演等形式表现自然环境之美以及对其的关怀。

技能方法

2.2.3 解释生物的遗传和进化特征，知道不同物种对生境有不同要求，理解各种生物通过食物网相互联系构成生态系统。

与《课标》的联系

初中生物

3.1.2 举例说明生物和生物之间具有密切的联系。
3.3.2 确立保护生物圈的意识。
8.1.6 关注我国特有的珍稀动植物。

核心素养

理性思维、批判质疑、勇于探究、信息意识、珍爱生命、社会责任、国际理解、问题解决

---

*本课程由同里国家湿地公园沈越设计。

知识准备

濒危物种等级标准[①]

将物种按其受威胁的严重程度和灭绝的危险程度进行分类，确定物种的濒危等级，就是为了对物种的灭绝风险做出定性的评估。评估物种的濒危等级涉及种群的分布、种群数量、种群存活力、面临的威胁及程度、繁殖能力、生境面积和品质等项目，因而现今并没有统一的濒危物种的划分等级标准。世界自然保护联盟（IUCN）所定制的濒危物种红色名录等级标准，是被广泛接受的全球受威胁物种的分级标准体系。在野生动植物国际贸易中，《濒危野生动植物物种国际贸易公约》（CITES）的附录等级标准也作为划分物种濒危等级的标准。各国根据本国的实际情况也制定了不同的物种濒危等级标准。

《世界自然保护联盟濒危物种红色名录》

早期世界自然保护联盟所使用的濒危物种等级的划分标准主要分为6个等级，分别为：灭绝、濒危、易危、稀有、未定、欠了解。1994年11月，世界自然保护联盟第40次理事会会议正式通过，将物种濒危等级共分为8个等级，分别为：灭绝、野外灭绝、极危、濒危、易危、低危、数据不足和未评估。最新的世界自然保护联盟濒危物种等级标准于2000年2月通过，该系统将濒危物种共分为9个级别，分别为：灭绝、野外灭绝、极危、濒危、易危、近危、无危、数据不足和未评估。

中国物种濒危等级标准

我国根据1996年的《世界自然保护联盟濒危物种红色名录》编制了《中国动物红皮书》，参照中国国情将野生动物濒危等级划分为野生灭绝、绝迹、濒危、易危、稀有和未定的6个等级。对于濒危植物的保护主要依照《中国植物红皮书》，将植物的濒危等级划分为濒危、稀有、渐危3个等级。1998年，国务院批准颁布了《国家重点保护野生动物名录》，该名录将国家重点保护的珍贵稀有濒危野生动物分为2级，即国家一级重点保护野生动物和国家二级重点保护野生动物。

兰科植物介绍[②]

兰科为被子植物大科之一，约870属27000种，广布于除两极和干旱沙漠地区以外的各种陆地生态系统中，尤以热带地区多样性最为丰富。在长期的进化过程中，兰科植物花部形状高度特化，繁育系统进化活跃，被认为是被子植物中最高级的类群之一。兰科传粉者专一性程度非常高，约60%的兰科植物只有一种特定的传粉者，被认为是动物传粉对植物物种分化作出重要贡献的一个典型代表。在自然条件下，兰科植物只有与特定的真菌形成稳定的共生关系，通过菌根真菌为其生长发育提供所必需的营养物质，才能完成种子萌发。

[①] 资料来源：董元火,周世力.物种濒危等级的划分和濒危机制研究进展[J].生物学教学,2008(06):5-6.
[②] 资料来源：营婷,宋园园,徐静,等.兰科保护遗传学研究进展[J].安徽农业科学,2013,41(08):3297-3302.

兰科植物为何濒危[①]

兰科植物尽管种类丰富，但由于其独特的生活史特征、生境需求，多以小种群或呈狭域式样分布，故相较其他植物类群更易遭受生境退化与丧失的威胁。兰科植物多数具有极高的观赏以及药用价值。过度采挖是威胁兰科植物生存的主要原因。

全世界所有野生兰科植物均被列入《濒危野生动植物物种国际贸易公约》的保护范围，占该公约应保护植物的90%以上，是植物保护中的"旗舰"类群。

绶草

绶草（*Spiranthes sinensis*），又名盘龙参，为兰科绶草属多年生草本。叶片宽线形或宽线状披针形；总状花序具多数密生的花，花小，紫红色、粉红色或白色，在花序轴上呈螺旋状排生；花期4~8月。

作为被子植物第二大家族（第一是菊科）兰科中的小型地生兰，绶草的外观十分娇小。粉紫色的花序不过筷子高，粉白色的小花沿着绿色的花轴螺旋上升，似旋转阶梯，又似故宫太和殿中的盘龙柱。它的地下根常肉质、粗厚，我国民间常以其根和全草入药。因此，绶草也有了盘龙参的俗名。

兰花对于生活环境是出了名的挑剔，温度、湿度、土壤环境稍有不适合就无法生长。但是，看着弱不禁风的绶草却没那么挑剔，它们的自然分布范围非常广阔，北至西伯利亚，南至澳大利亚，西至中东的阿富汗境内，向东一直至日本均有分布记载，在我国境内也是几乎全国各地均有。绶草喜生于山坡或灌丛林下、草地、河滩或沼泽等比较湿润又向阳之地。在同里国家湿地公园内也有不少绶草群落分布，大多靠近河道和池塘，散落在草地中（图3-3）。

图3-3 同里国家湿地公园的绶草

[①] 资料来源：营婷,宋园园,徐静,等.兰科保护遗传学研究进展[J].安徽农业科学,2013,41(08):3297-3302.

教学内容

1 引入
10~15 分钟

1.1 开场介绍并分组。教师提问学生：你们喜欢大自然么？有什么喜欢的动物？当有学生说到熊猫等珍稀保护动物时提问学生什么是珍稀物种，从而引出课程主题。

1.2 教师展示世界自然保护联盟（IUCN)的官方标识，介绍其关于珍稀濒危物种的权威定义及分级。

1.3 教师在白板上粘贴一幅展示濒危等级的彩虹图（图3-4），为学生提供不同保护级别的动物图片，请学生进行保护等级的排序，将动物图片分别粘贴到对应的保护等级上。

1.4 教师揭晓答案，提示学生濒危物种中除了动物以外，还有什么？从而引出珍稀保护植物。

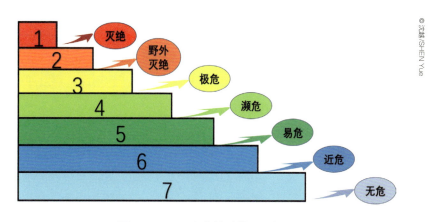

图3-4 IUCN濒危物种等级彩虹图

2 构建
15~20 分钟

2.1 教师展示水杉、银杏等植物的照片，讲解日常生活中常见的珍稀濒危植物。在这里需要说明，虽然水杉和银杏在园林运用中非常普遍，但是其野生种群非常稀少，所以属于珍稀濒危物种的范畴。

2.2 教师介绍植物保护界的旗舰类群：兰科植物。全世界所有的野生兰科植物都被列入了《濒危野生动植物物种国际贸易公约》的保护范围。

2.3 教师结合形态各异的兰花照片，讲解兰科植物花的结构（旗瓣、翼瓣、龙骨瓣、花萼托），也可以制作成拼图或者模型，请学生来拼一拼兰花的结构。

2.4 请学生观看与兰花有关的纪录片片段，介绍兰花的生存智慧，比如，兰花和一些动物神奇的协同进化现象。

2.5 介绍兰花在中国的分布情况、生存现状、濒危等级、濒危原因等，呼吁学生了解和保护野生的兰花资源。

2.6 兰花如此美好，又如此珍贵，但是否只有遥远的保护区才能见到野生的兰花呢？教师介绍，在我们的身边就有一种看似平凡的兰花：绶草。

2.7 在此处教师可以先卖个关子，不解说绶草的形态特征和习性，而是邀请同学们一起去户外，寻找绶草的踪迹。

3 实践 20~30 分钟

3.1 教师带领学生走入户外环境，寻找绶草的身影，沿途也可以结合一些趣味自然解说，激发学生的兴趣。

3.2 找到绶草之后，教师请同学们根据学到的兰科植物的知识，观察绶草的特点，并思考绶草的习性和生存策略。

3.3 随后为同学们提供白纸和彩笔，并讲解自然笔记的基本组成和绘制方式，请学生观察绶草，通过自然笔记的方式记录绶草的形态特征。

3.4 引导学生观察绶草的叶子以及绶草的生存环境，启发学生思考如果在没有开花的季节，绶草会面临什么问题。

4 分享 10~15 分钟

4.1 请学生分享自己的自然笔记，交流根据观察所总结出的绶草的形态特征、习性和生活环境等信息，也可以分享发现和观察绶草的过程。

4.2 教师对学生们的作品和分享内容进行补充，梳理绶草的相关知识。

4.3 教师可以提出绶草常常出现在城市草坪中，在没有开花的季节，它的形态和一般的野草十分相似，因此草坪修剪对它的生存影响很大。请学生思考对于草坪，应该如何进行管理更加合理。随后，解释同里国家湿地公园的湿地保护部门是如何安排绿化养护工作从而保护像绶草这样的野草的。

5 总结 5~10 分钟

5.1 回顾课程的主要知识点，如濒危物种等级、兰科植物的特征和生存现状、绶草的特征等。

5.2 播放公园管理绶草分布区域的草坪的视频或者照片，突出公园建设和管理对物种保护的积极作用。

5.3 提出我们保护物种以及保护环境的意义，鼓励学生参与到保护行动中。

06 评估

6.1 对物种濒危等级有一定的了解，可以举例出几种保护物种。

6.2 可以根据植物的特征分析或推测其生存智慧。

6.3 学会使用自然笔记的方法记录身边的物种。

6.4 认同人与自然应该和谐共处的理念，并愿意为保护自然作出努力。

07 拓展

深度拓展

绶草是一种藏在我们身边的兰花,请学生在居住区或者学校的草坪上进行探索,看看是否能发现绶草的踪迹。如果有,可以对所在位置进行记录,并且向社区或者学校反馈,呼吁减少对草坪的修剪,留住美丽的绶草。

广度拓展

在我国,环境污染、生境破碎以及盗采盗挖是兰科植物面临的主要威胁。其中,盗采盗挖现象屡禁不止。请同学们收集关于兰科植物在中医药以及观赏领域使用情况的资料,思考兰科植物是否是必不可少的药材或保健品。也可以查找野生兰花人工栽培的相关研究,从而了解许多野生兰花并不能通过人工进行培育,它们在园艺界的深受喜爱也造成了其野外种群数量减少。

守护自然
十二 湿地之"路"

授课对象
高中生

活动时长
60~90 分钟

授课地点
室内外结合，部分实践活动需要在户外湿地环境开展

扩展人群
初中生、大学生

适宜季节
春、夏、秋、冬

授课师生比
1:1:15（~30）

辅助教具
PPT 课件、湿地保护的工程措施图片、调查任务单、笔

知识点
• 湿地规划和管理在湿地保护中的重要性 • 湿地保护的内容和常规措施

教学目标

1. 了解人类活动对湿地中动植物的影响。
2. 理解公园湿地规划和管理的重要性及目的性。
3. 了解湿地保护的内容和常规措施。

涉及《指南》中的环境教育目标

环境知识

2.3.10　理解可持续发展是人类的必然选择。

环境态度

3.3.4　意识到资源利用和环境管理需要关注弱势群体，愿意采取行动促进社会的公正与公平。

3.3.6　认同可持续利用资源和自然生态平衡是人类生存和发展的前提。

技能方法

4.3.7　分析影响公众参与环境保护和可持续发展建设的原因（个人的、文化的、政策的、制度的等），并就提高公众参与的有效性提出建议。

与《课标》的联系

高中生物

2.2.4　人类活动对生态系统的动态平衡有着深远的影响，依据生态学原理保护环境是人类生存和可持续发展的必要条件。

2.2.4.3　概述生物多样性对维持生态系统的稳定性以及人类生存和发展的重要意义，并尝试提出人与环境和谐相处的合理化建议。

高中地理

1.2.10　运用资料，归纳人类面临的主要环境问题，说明协调人地关系和可持续发展的主要途径及其缘由。

3.4.12　结合实例，说明环境管理的基本内容和主要手段。

3.5.7　举例说明旅游开发过程中的环境保护措施。

核心素养

理性思维、批判质疑、勇于探究、社会责任、问题解决、技术运用

*本课程由同里国家湿地公园陆佳佳设计。

知识准备

湿地的功能

湿地生态系统作为全球重要的生态系统之一，在人类的社会经济活动和自然界物质能量的转换中发挥着不可替代的作用，具有物质生产功能、大气组分调节功能、水分调节功能、净化沉积功能、提供动物栖息地功能、调节局部小气候功能、旅游休闲功能、教育科研功能等。

湿地生态系统的脆弱性

湿地水文、土壤、气候，构成了湿地生态系统的主要环境因素，它们相互作用，每一个因素的改变，都或多或少地导致生态系统的变化，特别是水文，当它受到自然或人为活动干扰时，生态系统稳定性就会受到一定程度破坏，进而影响湿地的生物群落结构，改变湿地生态系统。

湿地的开发利用

湿地拥有丰富的动植物资源，并且与人类的生存、生活联系紧密，对于湿地的开发利用也就成为人类活动中一个重要组成部分。在未认识到湿地重要性之前，人类对湿地的开发主要是以改造为主，把湿地大规模地改造成适宜农耕的土地，湿地的数量因此快速减少。随着人类对湿地越来越深入地研究，人类逐渐认识到湿地的重要性，开始在开发的同时对湿地加以保护，其中保护的重要性也与日俱增。现在，对于湿地的态度是以保护为主的，开发和利用也是把保护放在首位。

目前对于湿地的开发，主要的方式是发展湿地旅游。湿地旅游作为一个起步比较晚的旅游形式，现在的旅游内容也相对比较单调，主要的内容有狩猎、野钓、划船、观鸟、徒步、游艇等。湿地公园作为湿地旅游的载体，也是保护湿地资源的一个手段，在国内外也纷纷建立起来。

人类活动对湿地生态系统的影响

人类对湿地生态系统的开发和利用，不可避免地会对湿地生态系统产生影响，尽管人类已经不再是大规模地开发改造，在开发时也是将保护摆在首位，但对于湿地的负面影响始终是存在的。当下，湿地面临着湿地面积减少、湿地污染加重、湿地生物多样性遭受破坏等问题。尽管现在进入了以保护为主的湿地建设时期，建立了湿地公园和湿地保护区，但仍无法消除人类的影响。

湿地旅游，如观鸟、野钓等活动，虽然在湿地公园规划时已考虑在内，而且也制定了相关的措施将影响减至最小，如有的湿地公园只建设少量的设施，或者把人类活动的区域限制在湿地的最外围等，但影响始终是存在的。有些生物对于外界的干扰十分敏感，人为因素的介入，必将影响到这些生物的生长、发育和繁殖。

同里国家湿地公园保护规划

同里国家湿地公园规划的主要保护对象包括水体、野生动植物及其栖息地、自然景观等（表3-1）。

表3-1 同里国家湿地公园主要的湿地保护措施

主要内容		相关保护措施
水系和水质保护		针对同里国家湿地公园水环境现状和污染来源，其水质保护主要从外源污染控制以及内源污染消减和治理两个方面进行。其中，外源污染控制主要通过直接控制生活污染排放、改进水产养殖模式以减少水体富营养化、构建前置库以缓冲规划区面源污染；内源污染消减主要通过构建水质净化工程，从多个方面改善水体水质
水岸保护		同里国家湿地公园水系丰富，园内现有人工硬质驳岸带、自然陡坡驳岸、自然缓坡驳岸三种形式。以符合生态、防洪、景观要求为原则，根据公园内水位季节性变化，进行驳岸规划，在防洪固坡的基础上，充分体现滨岸带与水体之间的水分交换和调节，为湿地动植物提供渗透性、交融性、持续性的生态环境
栖息地（生境）保护	植物保护	在进行植物保护规划前，首先要对湿地植物（尤其是珍稀濒危植物）种类、种群数量、生态环境基本状况进行全面地调查，在查清本地资源的基础上有针对性地制定湿地植物保护计划
	鸟类及其栖息地保护	对鸟类及其栖息地保护，以生态学理论为基础，针对鸟类生存、生长、繁殖和迁徙的特点，加强对其栖息地、觅食地的保护，维护食物链的完整性，以达到对现有鸟类的保护和吸引更多鸟类的目的，丰富区域的物种资源。改善对鸟类生存不利的环境因素，通过对水系、植被的合理规划，为鸟类的栖息、繁殖创造多样的空间形态和丰富的水环境及植被环境。加强对鸟类的观测记录，培养爱鸟护鸟的社会氛围
	鱼类及其栖息地保护	在保育区内实行全面禁捕，禁止任何非科研性质的捕鱼活动。在湿地公园水域及附近区域全面禁止大型捕鱼船活动，除必要的旅游所需机动船外，尽量控制并减少其他机动船的活动，以降低人为活动对于鱼类及其栖息地的干扰影响。在湿地公园的滨水区域，种植芦苇，恢复沉水植被。芦苇发展为规模群落后会形成物种丰富、结构明显的微生境，也可以净化水质。丰富的浮游动植物为鱼类提供了多样化的食物来源，同时，丰富的生境类型也为鱼类的生存和发展创造了良好环境

教学内容

1 引入　10~15 分钟

1.1 教师以提问的方式询问学生如何理解"公园",其中的"公"包括了哪些对象?

1.2 教师解释湿地公园的概念,讨论一般的公园与湿地公园的区别。

1.3 总结湿地的功能,着重介绍湿地为生物提供栖息地的功能。引入主题:湿地中都有哪些"路",分别属于谁的路。

2 构建　15~20 分钟

2.1 教师介绍湿地中的不同生物对于生境有着不同的要求。

2.2 以同里国家湿地公园为例,介绍同里国家湿地公园生态环境保护所做的常规措施,重点介绍水系水质保护、水岸保护、生物多样性和动植物栖息地保护等。

3 实践　20~30 分钟

3.1 教师分发任务单,介绍观察目标是寻找公园设计和保护工作中的"小心思"。

3.2 学生根据任务单上的路线进行实地考察,记录观察到的保护措施。

4 分享　10~15 分钟

4.1 请学生按小组分享观察的成果。

4.2 讨论观察到的管理办法和保护措施有哪些利和弊,是否可以有更好的做法和建议。

4.3 教师分享在考察环节未能观察到的一些管理措施,例如,社区共管、管理条例、河长制、村内垃圾分类、控制水位的闸门、巡逻队进行监督管理等。

5 总结　5~10 分钟

5.1 总结湿地保护中重要的保护策略和保护措施,并且指出其成效和不足。

5.2 解释科普宣教工作的重要性。

6 评估

6.1 认识到人类活动对湿地生态的影响。

6.2 认识到湿地规划的重要性、目的性。

6.3 理解公园规划的立场和观点,学习寻求开发和保护的平衡。

7 拓展

【深度拓展】

学生根据同里国家湿地公园的地图,设计自己的湿地规划图,探讨对当前规划及开发建设的反思。

湿地之"路" 【学生任务单】

湿地之"路"任务单

| 观察日期 | | 天气情况 | |

小组成员

请找一找湿地建设中的"小心思"吧！
（在找到的项目上打勾）

- 自然原型护岸
- 桩基护岸
- 硬质护岸
- 亲水型护岸
- 环境监测点
- 抬高的木栈道
- 倒掉的树
- 乡野杂草
- 路灯
- 防鸟撞玻璃贴
- 人工鸟巢
- 解说牌

主要参考文献

陈平富."羽毛"早期演化研究的新进展 [J]. 化石，2010(03)：2-9.

董元火，周世力. 物种濒危等级的划分和濒危机制研究进展 [J]. 生物学教学，2008(06)：5-6.

观察者网. 精美"点翠"首饰背后的残忍：翠鸟尸体触目惊心，网上有售. https://m.guancha.cn/society/2017_09_20_427900.shtml?from=singlemessage.

郭豫斌. 中国学生不可不知的 1000 个动物常识 [M]. 北京：少年儿童出版社，2011.

国家林业局湿地保护管理中心，世界自然基金会. 生机湿地——中国环境教育课程系列丛书 [M]. 北京：中国环境出版社，2016.

国土产畜产进出口总公司. 畜产品生产加工技术 [M]. 北京：农业出版社，1982.

何久娣，罗泽，苏锦河，等. 基于高斯模型的 T-LoCoH 候鸟家域估计算法研究及应 [J]. 科研信息化技术与应用，2015, 6(06)：56-64.

金石. 鸟类五彩羽衣的秘密 [J]. 科学 24 小时，2008, (1)：28-29.

李丁男. 中国受胁雁鸭类的地理分布及保护状况研究 [D]. 北京：北京林业大学，2014.

李焕利，张劲，张磊，等. 人工浮床技术概述 [J]. 城市建设理论研究（电子版），2014, (31)：2895-2896.

刘桂清. 让野草在城市中生存 [J]. 太原科技，2004(01)：62-63, 66.

陆庆轩. 关于乡土植物定义的辨析 [J]. 中国城市林业，2016, 14(04)：12-14.

罗毅波，贾建生，王春玲. 中国兰科植物保育的现状和展望 [J]. 生物多样性，2003(01)：70-77.

吕飞. 野草在园林绿化中的应用 [J]. 河南农业，2012(20)：56-57.

马强. 新型生态浮岛设计、应用效果及微生物机理研究 [D]. 济南：山东大学，2011.

马炜梁. 植物学 [M]. 北京：高等教育出版社. 2009.

沈立莹. 羽毛在服饰中装饰性应用的美学研究 [J]. 大众文艺，2010(02)：96-97.

石家胜，刘宁，杨勇辉，等. 鸟的喙形与食性的生态相关性 [J]. 商丘师范学院学报，2009, 25(06)：106-109.

苏靖，丁绍敏，滕雨红. 羽毛色彩及应用环境下稳定性初探 [J]. 轻纺工业与技术，2012, 41(04)：30-32.

营婷，宋园园，徐静，等. 兰科保护遗传学研究进展 [J]. 安徽农业科学，2013, 41(08)：3297-3302.

赵欣如，肖雯，张瑜. 野外观鸟手册 [M]. 北京：化学工业出版社，2015.

中国鸟类网 http://aves.elab.cnic.cn/.

庄桂平. 江南地区稻作农具文化遗产及其保护利用研究 [D]. 南京：南京农业大学，2012.

附录

附录一：本课程涉及的《中小学环境教育实施指南（试行）》内容[①]

说明：每一项前的编号 [A.B.C]。A 代表目标编号，如环境意识编号为 1；B 代表年级编号，如小学生编号为 1，初中生编号为 2，高中生编号为 3；C 代表该目标下的子目标序号。

1. 环境意识

1.1.1　欣赏自然的美。

1.1.2　运用各种感官感知环境和身边的动植物。

1.1.3　感知、说出身边自然环境的差异和变化。

1.2.1　意识到环境与个人身心健康的关系。

1.2.2　能从观察与体验自然切入，以文学艺术创作，音乐、戏剧表演等形式表现自然环境之美以及对其的关怀。

2. 环境知识

2.1.1　列举各种生命形态的物质和能量需求及其对生存环境的适应方式。

2.1.2　识别自然环境中物质和能量流动的过程及其特征。

2.1.3　举例说明自然环境为人类提供居住空间和资源。

2.1.4　理解生态破坏和环境污染现象，说明环境保护的重要性。

2.1.5　了解我国和世界人口数量的变化，知道我国实行计划生育国策的意义。

2.1.6　知道衣食住行因地区、文化等不同而存在差异，并了解这种差异对环境的影响。

2.1.7　初步知道日常生活方式对环境的影响。

2.1.8　了解日常生活中的常见技术产品及其环境影响。

2.1.9　了解技术在环境保护中的作用及其局限。

2.1.10　理解经济发展需要合理利用资源，并与生态环境相协调。

2.1.11　说出我国有关环境保护的主要法律法规。

2.1.12　列举公民、政府、企业和其他社会团体在环境事务中所扮演的角色。

2.1.13　举例说明个人参与环境保护和环境建设的途径和方法。

2.2.1　辨认各种自然过程及其成因，分析特殊自然现象可能给环境带来的变化。

2.2.2　理解生命过程中物质和能量的传输、利用、储存和转换，了解人类活动对自然过程的干扰和生态恢复措施。

2.2.3　解释生物的遗传和进化特征，知道不同物种对生境有不同要求，理解各种生物通过食物网相互联系构成生态系统。

2.2.4　列举一些物种濒危或者灭绝的原因，探讨物种灭绝对社会遗产、基因遗产等可能造成的后果。

2.2.5　知道自然环境各要素之间相互联系、相互制约，解释一些环境污染事件的物理和化学过程。

2.2.6　了解人口问题的产生、发展和变化，分析影响人口问题的众多因素；探讨人口剧增给生态环境和生活质量带来的影响。

[①] 资料来源：国家林业局湿地保护管理中心，世界自然基金会. 生机湿地——中国环境教育课程系列丛书[M]. 北京：中国环境出版社，2016.

2.2.7 了解不同地区或国家各民族在衣食住行等方面的不同生活方式，并分析这些不同生活方式与环境之间的相互关系与相互作用。

2.2.8 了解不同地区和国家人们的休闲方式对环境的影响。

2.2.9 知道技术在推动经济与社会发展的同时，也可能给人类和环境带来一些负面影响。

2.2.10 理解发展经济不能以牺牲环境为代价，经济发展不能超越环境的承载力。

2.2.11 描述现有的环境保护政策和法律的实施状况。

2.2.12 区别在环境保护和环境建设中不同参与者的不同角色。

2.3.1 描述地球上水循环和碳、氮、氧等元素循环过程及其环境特征。

2.3.2 说明影响地球表层的主要自然过程，特别是规模较大、持续时间较长的自然过程，以及随之产生的地球环境特征。

2.3.3 解释生境破碎、酸碱度、氧气、光照或水分等自然条件的波动对动植物种群的影响。

2.3.4 说明生物多样性包括遗传多样性、物种多样性和生态系统多样性三个层次，理解保护生物多样性对人类生产和生活的意义。

2.3.5 阐明生命环境是由彼此相互联系的动态系统组成；举例说明生态系统的演变是不可逆的，理解防治生态破坏和环境污染的重要性。

2.3.6 了解人口控制的措施及其作用。

2.3.7 知道多种多样的有利于可持续发展的生活方式。

2.3.8 了解技术在人类与环境关系演变历史中的作用及其影响。知道误用和滥用技术会破坏自然环境。

2.3.9 知道技术在给一些人带来利益的同时，也可能对其他人的利益造成损害。

2.3.10 理解可持续发展是人类的必然选择。

2.3.11 了解环境政策和法律的制订过程，并提出建议。

3. 环境态度

3.1.1 尊重生物生存的权利。

3.1.2 尊重、关爱和善待他人，乐于和他人分享。

3.1.3 意识到需求与欲望的差别，崇尚简朴生活。

3.1.4 尊重不同文化传统中人们认识和保护自然的方式与习俗。

3.1.5 认同公民的环境权利和义务，积极参与学校和社区保护环境的行动，对破坏环境的行为敢于批评。

3.2.1 珍视生物多样性，尊重一切生命及其生存环境。

3.2.2 关注家乡所在区域和国家的环境问题，有积极参与环保行动的强烈愿望。

3.2.3 愿意倾听他人的观点与意见，乐于与他人共享信息和资源。

3.2.4 尊重本土知识和文化多样性。

3.2.5 树立平等、公正的观念，认识全球资源分配不平等现状及其历史根源。

3.2.6 树立可持续发展观念，愿意承担保护环境的责任。

3.3.1 认识自然规律，摆正人与自然的关系，追求人与自然的和谐。

3.3.2 反思不同生活方式对环境的影响。

3.3.3 珍视文化多样性，关注濒危文化遗产的保护。

3.3.4 意识到资源利用和环境管理需要关注弱势群体，愿意采取行动促进社会的公正与公平。

3.3.5 在反思个人行为和人类活动对环境的影响的基础上，从本地着手，关注全球环境，并积极落实在行动上。

3.3.6 认同可持续利用资源和自然生态平衡是人类生存和发展的前提。

4. 技能方法

4.1.1 学会思考、倾听、讨论。

4.1.2 就身边的环境提出问题。

4.1.3 搜集有关环境的信息，尝试解决简单的环境问题。

4.1.4 评价、组织和解释信息，简单描述各环境要素之间的相互作用。

4.2.1 分析技术在环境保护中的作用及其局限。

4.2.2 观察周围的环境，思考并交流各自对环境的看法。

4.2.3 围绕身边的环境问题选择适宜的探究方法，确定探究范围，选择相应的调查工具。

4.2.4 依据环境调查方案，搜集、评价和整理相关信息。

4.2.5 在分析环境信息的基础上，设计解决环境问题的行动方案。

4.3.1 观察、描述并批判性地思考地区性和全球性的环境现象或环境问题。

4.3.2 理解关于环境的不同观点，通过交流和协商，形成保护环境的共识。

4.3.3 围绕自己选定的环境问题确定调查范围、设计调查方法、制订调查计划。

4.3.4 明确各种信息来源与各种调查类型的对应关系，对自己搜集的环境信息的准确性和可信性进行评价。

4.3.5 根据搜集的信息，设计几种解决方案，对比并确定行动方案。

4.3.6 归纳环境保护和环境建设中不同参与者的立场和行动，并进行反思。

4.3.7 分析影响公众参与环境保护和可持续发展建设的原因（个人的、文化的、政策的、制度的等），并就提高公众参与的有效性提出建议。

5. 环境行动

5.1.1 具有跟随家人、老师或同学共同参与自然体验和环境保护的活动经验。

5.1.2 能从自身开始，做到简单的环保行动，并在校园和家庭生活中落实。

5.1.3 具有跟随家人、老师或同学参与可持续发展相关议题的活动经验。

5.1.4 具有参与调查学校和社区周边生态环境的经验。

5.2.1 具有参与制定环境调查活动计划的经验。

5.2.2 能践行可持续生活方式。

5.2.3 主动参与学校社团、社区或当地环境保护组织的环境保护相关活动。

5.2.4 具有参与地区性环境议题调查研究的经验。

5.2.5 实施环境行动方案，并对结果进行反思。

5.3.1 参与举办学校或社区的环境保护与可持续发展相关活动。

5.3.2 能参与或组建社团，积极关注可持续发展议题，解决环境问题。

5.3.3 具有提出改善方案、采取行动，进而解决环境问题的经验。

5.3.4 具有参与国际性环境议题调查研究的经验。

5.3.5 实施环境行动方案，评价并提出改进建议。

5.3.6 能践行可持续生活方式，支持环境友好型产品。

5.3.7 能够表达自己的环境保护的观点，并以宣传或劝说的方式影响他人做出行为改变。

附录二：本课程涉及的《课标》内容

一.涉及的《义务教育小学科学课程标准（2017年版）》

1.科学知识

生命科学

1.7.2 地球上存在不同的动物，不同的动物具有许多不同的特征，同一种动物也存在个体差异。

1.7.2.1 说出生活中常见动物的名称及其特征；说出动物的某些共同特征。

1.7.2.2 能根据某些特征对动物进行分类；识别常见的动物类别，描述某一类动物（如昆虫、鱼类、鸟类、哺乳类等）的共同特征；列举我国的几种珍稀动物。

1.7.3 地球上存在不同的植物，不同的植物具有许多不同的特征，同一种植物也存在个体差异。

1.7.3.1 说出周围常见植物的名称及其特征。

1.7.3.2 说出植物的某些共同特征；列举当地的植物资源，尤其是与人类生活密切相关的植物。

1.8.1 植物具有获取和制造养分的结构。

1.8.1.2 描述植物一般由根、茎、叶、花、果实和种子组成，这些部分具有帮助植物维持自身生存的相应功能。

1.8.3 植物能够适应其所在的环境。

1.8.3.1 举例说出生活在不同环境中的植物其外部形态具有不同的特点，以及这些特点对维持植物生存的作用。

1.9.1 动物通过不同的器官感知环境。

1.9.2 动物能够适应季节的变化。

1.9.3 动物的行为能够适应环境的变化。

1.12.1 动物和植物都有基本生存需要，如空气和水；动物还需要食物，植物还需要光。栖息地能满足生物的基本需要。

1.12.4 自然或人为干扰能引起生物栖息地的改变；这种改变对于生活在该地的植物和动物种类、数量可能产生影响。

4.科学、技术社会与环境

4.3.2 珍爱生命，保护身边的动植物，意识到保护环境的重要性。

二.涉及的《义务教育生物学课程标准（2011年版）》

3.生物与环境

3.2.1 概述生态系统的组成。

3.2.3 描述生态系统中的食物链和食物网。

3.3.2 确立保护生物圈的意识。

4.生物圈中的绿色植物

4.4.1 概述绿色植物为许多生物提供食物和能量。

8.生物的多样性

8.1.1 尝试根据一定特征对生物进行分类。

8.1.6 关注我国特有的珍稀动植物。

8.1.7 说明保护生物多样性的重要意义。

三.涉及的《义务教育地理学课程标准(2011年版)》
3.中国地理
生命科学

3.3.1 运用资料说出我国农业分布特点,举例说明因地制宜发展农业的必要性和科学技术在发展农业中的重要性。

3.3.2 举例说明自然环境对我国具有地方特色的服饰、饮食、民居等的影响。

四.涉及的《普通高中生物学课程标准(2017年版)》
2.选择性必修课程
模块2:生物与环境

2.2.4 人类活动对生态系统的动态平衡有着深远的影响,依据生态学原理保护环境是人类生存和可持续发展的必要条件。

2.2.4.3 概述生物多样性对维持生态系统的稳定性以及人类生存和发展的重要意义,并尝试提出人与环境和谐相处的合理化建议。

2.2.4.4 举例说明根据生态学原理,采用系统工程的方法和技术,达到资源多层次和循环利用的目的,使特定区域中的人和自然环境均受益。

2.2.4.5 形成"环境保护需要从我做起"的意识。

五.涉及的《普通高中地理课程标准(2017年版)》
1.必修课程

1.2.3 结合实例,说明地域文化在城乡景观上的体现。

1.2.10 运用资料,归纳人类面临的主要环境问题,说明协调人地关系和可持续发展的主要途径及其缘由。

3.选修课程
选修4:环境保护

3.4.12 结合实例,说明环境管理的基本内容和主要手段。

选修5:旅游地理

3.5.7 举例说明旅游开发过程中的环境保护措施。

选修6:城乡规划

3.6.10 运用资料,说明保护传统文化和特色景观应采取的对策。

附录三：反馈问卷样例[1]

湿地环境教育活动反馈问卷（学生卷）

亲爱的同学：

你好！课程结束了，谢谢你的积极参与，我们非常希望了解在今天活动中，你的真实感受和想法。为此，我们设计了这份小问卷，希望你能帮忙完成它。非常感谢！

你的性别		年龄	

请找出最符合你想法的说法，并打上勾。（每题只能选一个哦！） 　😄　🙂　😐　🙁　😫

在活动中，我认识到大自然里有许多有趣、特别的生物。	○	○	○	○	○
参加完活动后，我已经能说出老师今天所介绍的大部分动植物。	○	○	○	○	○
我了解到动植物都有适合当地环境的生存策略。	○	○	○	○	○
我学会了使用眼、鼻、耳、手等多种感官探索和认识自然的方法。	○	○	○	○	○
我学会了在团队活动中要倾听他人和互相合作。	○	○	○	○	○
我认为保护湿地生物多样性是非常重要的。	○	○	○	○	○
今后我会用学到的方法去探索周边的自然环境。	○	○	○	○	○
今后我会对身边的湿地生态环境和环境问题更加关注。	○	○	○	○	○
参加完今天的活动，我会更愿意保护环境。	○	○	○	○	○
我会把今天的活动和我的家人、朋友分享。	○	○	○	○	○

在今天的互动中，我最喜欢的活动是……，因为……

我想对活动老师说……

我想对大自然说……

---

[1] 资料来源：国家林业局湿地保护管理中心，世界自然基金会. 生机湿地——中国环境教育课程系列丛书[M]. 北京：中国环境出版社，2016.

湿地环境教育活动反馈问卷（带队教师或家长卷）

感谢您陪同学生参加此次湿地教育活动。为了帮助我们更好地了解您对教学活动的看法，帮助我们优化教学内容方法和行政安排等工作，烦请您帮忙填写这份反馈问卷。您所提供的信息将仅用于内部工作，不会对外泄露您的个人信息。

再次感谢你的支持！
同里国家湿地公园

您的身份	○家长　○带队老师	学生年龄	

请按满意程度为本次活动打分，1分为最低分，5分为最高分。请在符合您看法的选项下打勾。　　①分 ②分 ③分 ④分 ⑤分

	1分	2分	3分	4分	5分
本次活动的教学内容	○	○	○	○	○
活动内容与学校课程内容结合程度	○	○	○	○	○
教师使用的教学方法	○	○	○	○	○
教师为学生个人能力培养提供的机会	○	○	○	○	○
教师的教学经验	○	○	○	○	○
教师的生态知识专业性	○	○	○	○	○
活动场地设施条件	○	○	○	○	○
行政后勤安排	○	○	○	○	○

补充：您对此次活动的内容设计、教学方法和行政安排上是否有意见或建议？

这是您第几次带孩子/学生参加环境教育活动？
○ 第一次　　○ 第二次　　○ 第三次　　○ 三次以上

您觉得本次教学活动对学生而言难易程度如何？
○ 过难，因为_____　　○ 合适　　○ 太简单，因为_____

您是否会将本活动推荐给其他朋友？
○ 一定会　○ 可能会　○ 不一定　○ 可能不会　○ 一定不会，因为_____

后记

在世界自然基金会（WWF）和一个地球自然基金会环境教育团队的培训和辅导下，在各界合作伙伴和专家学者的帮助下，《对话同里湿地——生机湿地环境教育系列课程之同里篇》历经1年多的筹备、编写、试课和修订，终于完成了。

这本书的编写，对于同里国家湿地公园宣教团队这支年轻的队伍而言，是一个挑战，更是一个起点。2018年5月，同里国家湿地公园宣教团队的7名伙伴一同参加了世界自然基金会举办的环境教育实务培训，扣响了环境教育的大门。从认识环境教育、学习课程设计的方法，到利用本土元素设计新的课程，这个过程于我们而言并非一帆风顺。好在一路上我们获得了上级主管部门的大力支持，得到了世界自然基金会的指导，也受到了众多专家和行业前辈们的帮助，最终，将这套课程呈现于公众的面前。

这套课程的诞生始于WWF环境教育课程编写工作坊开启，由WWF环境教育团队设计、引导，带领同里国家湿地公园宣教团队共同策划开发而成，过程中也邀请了国内环境保护、教育和艺术相关专家共同参与，提供专业建议。工作坊结束后，宣教团队完成了课程主体的设计，并结合WWF的专业建议以及试课情况而进一步完善。最后，根据WWF环境教育课程开发模板整理成文。伙伴们笑称这一路上都是摸着石头过河，一不小心还会滑倒，只能从头再来。但是再回首，我们才会发现这次实践经验是多么的宝贵！正是因为我们每一个人的参与，才能充分发掘公园本土的资源，从自然物种到传统乡村生活文化，投射到课程之中的元素都体现了浓浓的本土特色。这也使得整套课程具有在地化的特征，对于后期的实践和改进都大有帮助。

此外，公园团队在经历了课程设计和编撰的过程之后，自主创新能力得到了显著的提升，也积累了丰富的实践经验，真正体现了"授人以鱼不如授人以渔"。本套课程的出版不会是一个终点，在未来的工作中，我们将会有更多新的原创内容产出。希望我们这本课程的出版可以为广大同行提供一定的借鉴，为那些想进行本土化课程产品开发和团队建设的机构和个人提供一个思路。

在课程开发的过程中，我们得到了世界自然基金会（WWF）中国和深圳市一个地球自然基金会环境教育项目的培训和指导，也受到了苏州市湿地保护管理站、苏州市吴江区自然资源和规划局等上级部门的大力支持，我们在此报以真挚的谢意！

在课程设计工作坊中，来自全国各地环境教育领域的专家和机构同仁共同

参与了课程的开发和试课工作，并提出了宝贵的建议，非常感谢以下机构和个人对我们的帮助和支持。（按姓氏拼音排序）

- 陈晓波　海珠湿地自然学校、仙湖户外　创办人、总经理
- 范如宇　苏州林学会、江苏省野鸟会　副理事长
- 冯育青　苏州市湿地保护管理站　站长
- 郭陶然　城市荒野工作室　负责人
- 刘家玲　中国林业出版社自然保护分社　社长
- 宿伟中　无痕中国　创始人、秘书长
- 席　滢　上海漾彩美术工作室　负责人
- 徐　挺　江苏昆山天福国家湿地公园管理委员会　副主任
- 闫晓红　国家林业和草原局湿地保护管理司　处长
- 姚志刚　江苏省林业局湿地保护站　副站长
- 张新宇　植物私塾　负责人
- 张曼玲　苏州湿地自然学校　自然教育部部长
- 周敏军　苏州湿地自然学校　总干事

感谢宣教团队的每一位伙伴一如既往的团队协作和亲密互动。这本书只是一个引子，在同里湿地中还有无数有趣的故事等着我们去探索和发现，而在全国各地还有许多和我们一样的场所和机构也正在尝试发掘当地资源，开发本土课程和活动。我们相信，通过大家的努力，一定可以帮助中国的社会公众，特别是青少年了解真实的大自然，掌握丰富的生态保护知识和方法，并培养他们关注自然、践行保护的主观积极性和行动力。

编辑委员会

2020 年 2 月